U0161027

计算机技术理论与实践

杨旭东　著

延边大学出版社

图书在版编目（CIP）数据

计算机技术理论与实践 ／ 杨旭东著. -- 延吉：
延边大学出版社, 2023.5
ISBN 978-7-230-04998-6

Ⅰ. ①计… Ⅱ. ①杨… Ⅲ. ①电子计算机－研究
Ⅳ. ①TP3

中国国家版本馆 CIP 数据核字(2023)第 091205 号

计算机技术理论与实践

著　　者：杨旭东
责任编辑：董德森
封面设计：文合文化
出版发行：延边大学出版社
社　　址：吉林省延吉市公园路 977 号　　　邮　　编：133002
网　　址：http://www.ydcbs.com　　　E-mail：ydcbs@ydcbs.com
电　　话：0433-2732435　　　传　　真：0433-2732434
印　　刷：廊坊市广阳区九洲印刷厂
开　　本：787×1092　1/16
印　　张：11
字　　数：220 千字
版　　次：2023 年 5 月 第 1 版
印　　次：2023 年 5 月 第 1 次印刷
书　　号：ISBN 978-7-230-04998-6

定价：68.00 元

前　　言

　　计算机是一项被人们广泛使用的发明。随着科学技术的不断发展，计算机技术也逐渐成熟。笔者认为有必要研究计算机技术的发展历史，因为它将为学者指明研究方向，使他们能够有目的地研究计算机技术。只有找到正确的发展方向，计算机技术才能满足人民群众的切身需求。这不仅会影响我国经济的发展水平，而且对于国民经济的发展和社会生活十分重要。

　　我国计算机技术的发展需要高水平的领导力，所以我们要加强对计算机相关技术人才的培养。为实现这一目标，我国必须积极做好与计算机科学相关的教育准备工作，提高计算机科学和信息技术专业教师的教学水平，优化学科建设，注重计算机技术分支机构的员工培训质量。

　　本书共八章，首先对计算机系统的基本理论、计算机网络技术以及计算机仿真技术做了简要介绍；其次阐述了计算机视觉技术以及计算机软件测试技术；再次分析了计算机管理技术；然后对计算机网络安全技术进行了细致的讲解；最后从多维度阐述了计算机应用技术，充分反映了 21 世纪我国在计算机应用领域的前沿问题，力求让读者充分认识计算机应用技术研究的重要性和必要性。本书兼具理论价值与实际应用价值，可供广大计算机技术研究工作者参考和借鉴。

　　为了提升本书的学术性与严谨性，在撰写过程中，笔者参阅了大量的文献资料，借鉴了诸多专家学者的研究成果，因篇幅有限，不能一一列举，在此一并表示最诚挚的谢意。由于时间仓促，加之笔者水平有限，在撰写过程中难免出现不足的地方，希望各位读者不吝赐教，提出宝贵的意见，以便笔者在今后的学习中加以改进。

杨旭东

2023 年 3 月

目　　录

第一章　计算机与计算机系统概述

第一节　计算机概述

计算机是一种能按照人们事先编写的程序连续、自动地工作，能对输入的数据进行加工、存储、传送，由电子部件和机械部件组成的电子设备。计算机及其应用已渗透在社会的各个领域，有力地推动了整个社会的发展，它已成为人们生活中必不可少的现代化工具。

一、计算机的分类

随着计算机技术的发展和应用，尤其是微处理器的发展，计算机的类型越来越多样化。根据使用范围的不同，计算机可以分为专用计算机和通用计算机。专用计算机功能单一、适应性差，但在特定用途上最有效、最经济、最快捷；通用计算机功能齐全、适应性强，但运行效率、运算速度和工作经济性相对于专用计算机来说要低。

从计算机的运算速度等性能指标来看，计算机主要有高性能计算机、微型计算机、工作站、服务器、嵌入式计算机等。

（一）高性能计算机

高性能计算机是目前速度最快、处理能力最强的计算机，其在过去被称为巨型计算机或大型计算机。高性能计算机数量不多，但却有重要和特殊的用途。在军事方面，高性能计算机可用于战略防御系统、大型预警系统、航天测控系统等；在民用方面，其可用于大区域中长期天气预报、大面积物探信息处理系统、大型科学计算和模拟系统等。

中国的"巨型计算机之父"、2002 年国家最高科学技术奖获得者金怡濂院士，在 20 世纪 90 年代初提出了一个我国巨型计算机研制的全新的跨越式方案，这一方案把巨型计算机的峰值运算速度从每秒 10 亿次提升到每秒 3 000 亿次以上，跨越了两个数量级，闯出了一条中国巨型计算机赶超世界先进水平的发展道路。

近年来，我国巨型计算机的研发也取得了很大成就，推出了"神威""天河"等代表国内最高水平的巨型机系统，并在国民经济的关键领域得到了应用。

中型计算机的规模和性能介于大型计算机和小型计算机之间。

小型计算机的规模较小，成本较低，易于维护，在运算速度、存储容量和软件系统的完善方面占有一定优势。小型计算机的用途很广，既可用于科学计算、数据处理，又可用于生产过程中自动控制和数据采集及分析处理。

（二）微型计算机

微型计算机又称个人计算机（personal computer, PC）。1971 年，Intel 公司的工程师成功地在一个芯片上实现了中央处理器（central processing unit, CPU）的功能，制成了世界上第一片 4 位微处理器 Intel 4004，组成了世界上第一台 4 位微型计算机——MCS-4，从此揭开了世界微型计算机大发展的帷幕。随后许多公司如 Motorola、Zilog 等也争相研制微处理器，并先后推出了 8 位、16 位、32 位、64 位微处理器。

自国际商业机器公司（International Business Machines Corporation, IBM）于 1981 年采用 Intel 的微处理器推出 IBM PC 以来，微型计算机因其小、巧、轻、使用方便、价格便宜等优点得到迅速发展，并成为计算机的主流。今天，微型计算机的应用已经遍及社会的各个领域，从工厂的生产控制到政府的办公自动化，从商店的数据处理到家庭的信息管理，几乎无所不在。微型计算机的种类有很多，主要分三类：台式机、笔记本电脑和个人数字助理。

（三）工作站

工作站是一种介于微型计算机与小型计算机之间的高档微机系统。自 1980 年美国阿波罗计算机公司推出世界上第一个工作站 DN-100 以来，工作站迅速发展，已成为一种专门处理某类特殊事务的独立的计算机类型。工作站通常配有高分辨率的大屏幕显示器和大容量的内、外存储器，具有较强的数据处理能力与高性能的图形功能。

（四）服务器

服务器是一种在网络环境中为多个用户提供服务的计算机系统。从硬件上来说，一台普通的微型计算机也可以充当服务器，关键是它要安装网络操作系统、网络协议和各种服务软件。服务器可以提供文件、数据库、图形、图像以及打印、通信、保障安全、保密和系统管理、网络管理等服务。根据提供的服务类型的不同，服务器可以分为文件服务器、数据库服务器、应用服务器和通信服务器等。

（五）嵌入式计算机

嵌入式计算机是指作为一个信息处理部件，嵌入应用系统中的计算机。嵌入式计算机与通用型计算机最大的区别是运行固化的软件，用户很难或不能改变。嵌入式计算机应用最广泛，数量超过微型计算机，目前广泛应用于各种家用电器中，如电冰箱、自动洗衣机、数字电视机等。

3

二、计算机的特点与应用

（一）计算机的特点

计算机的发展虽然只有不到 100 年的时间，但从没有一种机器像计算机这样具有如此强劲的渗透力，在人类社会发展中扮演着如此重要的角色，这与它的强大功能是分不开的。与以往的计算工具相比，计算机具有许多优点：

在处理对象上，计算机不仅可以处理数值信息，还可以处理包括文字、符号、图形、图像乃至声音等在内的一切可以用数字进行表示的信息。计算机内部采用二进制数值进行运算，表示二进制数值的位数越多，精度就越高。因此，可以增加表示数值的设备和运用计算技巧，以使数值计算的精度越来越高。电子计算机的计算精度在理论上不受限制，一般的计算机均能达到 15 位有效数字，而且通过技术处理计算机可以达到任何精度要求。

在处理内容上，计算机不仅能处理数值计算，还可以对各种信息作非数值处理，如进行信息检索、图形处理；不仅可以处理加、减、乘、除等算术运算，也可以处理是、非的逻辑运算；计算机可以根据判断结果，自动决定以后执行的命令。例如，1997 年 5 月，在美国纽约举行的"人机大战"，国际象棋世界冠军加里·基莫维奇·卡斯帕罗夫输给了 IBM 的超级计算机"深蓝"。"深蓝"在运算速度上不算是最快的，但具有强大的计算能力，能快速读取所存储的 10 亿个棋谱，每秒钟能模拟 2 亿步棋，它的快速分析和判断能力是其取胜的关键。当然，这种能力是通过编制程序，由人赋予计算机的。

在处理方式上，只要人们把处理的对象和处理问题的方法、步骤以计算机可以识别和执行的"语言"事先存储到计算机中，计算机就可以自动地对这些数据进行处理。计算机在工作中无须人工干预，能自动执行存储在存储器中的程序。人们事先规划好程序后，向计算机发出指令，计算机既可帮助人类去完成那些枯燥乏味的重复性劳动，也可控制以及深入人类难以胜任的、有毒的、有害的作业场所。

在处理速度上，它运算速度快。目前一般微型计算机的运算速度都可以达到每秒数亿次，高性能计算机每秒能进行超过数十亿亿次的运算。

计算机可以存储大量数据。目前一般的微型计算机都可以存储数百吉字节的数据。计算机存储的数据量越大，可以记住的信息量也就越大。大容量的存储器能记忆大量信息，不仅包括各类数据信息，还包括加工这些数据的程序。

多个计算机借助通信网络互相连接起来，可以突破地域限制，互发电子邮件，进行网上通信，共享远程信息和资源。

计算机具有超强的记忆能力、高速的处理能力、很高的计算精度和可靠的判断能力。人们进行的任何复杂的脑力劳动，如果能够分解成计算机可执行的基本操作，并以计算机可以识别的形式表示出来，然后存储到计算机中，计算机就可以模仿人的一部分思维活动，代替人的部分脑力劳动，按照人们的意愿自动工作，所以有人也把计算机称为"电脑"，以强调计算机在功能上和人脑有许多相似之处，如人脑的记忆功能、计算功能、判断功能等。

然而电脑终究不是人脑，它也不可能完全代替人脑，但是说电脑不能模拟人脑的功能也是不对的。尽管电脑在很多方面远远比不上人脑，但它也有人脑没有的许多性能，人脑与电脑在许多方面有着互补作用。

（二）计算机的应用

计算机之所以能得到迅速发展，其生命活力源于它的广泛应用。目前，计算机的应用范围几乎涉及人类社会的各个领域，从国民经济各部门到个人家庭生活，从军事部门到民用部门，从科学教育到文化艺术，从生产领域到消费娱乐，到处都有计算机的踪迹。计算机的应用主要归纳为以下六个方面。

1.工业应用

自动控制是涉及面极广的一门学科，在现代工业中，计算机普遍用于生产过程的自动控制。

在生产过程中，采用计算机进行自动控制，可以大大提高产品的产量和质量，提高劳动生产率，改善人们的工作条件，减少原材料的消耗，降低生产成本等。用于生产过程自动控制的计算机，一般都是实时控制的。生产过程的自动控制对计算机的速度要求不高，但对其可靠性要求很高，用于自动控制的计算机若可靠性不足将导致生产的产品不合格，甚至发生重大设备事故或人身事故。

计算机辅助设计/计算机辅助制造是借助计算机进行设计的一项实用技术。采用计算机进行辅助设计，不仅可以大大缩短设计周期，加速产品的更新换代，降低生产成本，节省人力、物力，而且对保证产品质量有重要作用。由于计算机有较高的数值计算能力、较强的数据处理及模拟能力，因而在船舶、飞机等的设计制造中计算机辅助设计/计算机辅助制造的应用越来越广泛。在超大规模集成电路的设计和生产过程中，其中复杂的多道工序是人工难以解决的，而使用已有的计算机辅助设计新的集成电路，可以达到自动化或半自动化程度，从而减轻人的劳动强度并提高设计质量。

现代计算机在企业管理中的应用也愈加广泛。计算机具有强大的存储能力和计算能力，现代化企业充分利用计算机的这种能力对生产要素的大量信息进行加工和处理，进而形成了基于计算机的现代化企业管理的概念。对于生产工艺复杂、产品与原料种类繁多的现代化企业，计算机辅助管理的意义与企业在激烈的市场竞争中能否生存下来是紧密相关的。

计算机辅助决策系统是计算机在人类预先建立的模型基础上，根据对所采集的大量数据的科学计算而得出结论，以帮助人类进行决策判断的软件系统。计算机辅助决策系统可以节约人类大量的宝贵时间，并可以帮助人类进行"知识存储"。

2.科学计算

在科学技术及工程设计中所遇到的各种数学问题的计算，统称为科学计算。它是计算机应用最早的领域，也是应用得较广泛的领域。例如，人类对数学、化学、天文学、地球物理学等基础科学的研究，以及在航天飞行、飞机设计、桥梁设计、水力发电、地质探矿等领域的大量计算都要用到计算机。利用计算机进行科学计算，可以节省大量的时间、人力和物力。

3.商业应用

用计算机对数据及时地加以记录、整理和运算，将其加工成人们所需求的形式，这一过程称为数据处理。数据处理系统具有输入/输出数据量大而计算却很简单的特点。在商业数据处理领域，计算机被广泛应用于财会统计与经营管理中。自助银行是 20 世纪产生的电子银行的代表，完全由计算机控制的"银行自助营业厅"可以为用户提供 24 小时的不间断服务。电子交易是指通过计算机和网络进行的商务活动。电子交易是在 Internet 的广阔联系与传统信息技术系统的丰富资源相结合的背景下应运而生的一种网上相互关联的动态商务活动，是在 Internet 上展开的。

4.教育应用

利用计算机的通信功能和互联网实现的远程教育是当今教育发展的重要技术手段之一。远程教育可以在一定程度上解决教育资源分配不均和知识交流不便等问题。对于成本很高的实验教学和现场教学，可以用计算机的模拟能力在屏幕上展现教学环节，既可达到教学目的又可节约开支。

5.生活领域

数字社区是指现代化的居住社区。连接了高速网络的社区为拥有计算机的住户提供互联网服务，真正实现了人们"足不出户"就可以漫游网络世界的美好愿景。信息服务行业是 21 世纪的新兴产业，遍布世界的信息服务企业为人们提供住房、旅游、医疗等诸多方面的生活信息服务。这些服务都是在计算机的存储、计算以及信息交换能力的基础上实现的。

　　6.人工智能

　　人工智能是指将人脑中进行演绎推理的思维过程、规则和所采取的策略、技巧等开发成计算机程序，在计算机中存储一些公理和推理规则，然后让计算机去自动探索解题的方法，让计算机具有一定的学习和推理功能，能够自己积累知识，并且独立地按照人类赋予的推理逻辑来解决问题。

　　总之，计算机的应用已渗透在人类社会的各个领域，在未来，它对人类的影响将越来越大。但是，我们必须清楚地认识到，计算机本身是人设计制造的，还要靠人来维护，人只有不断提高自身的知识水平，才能充分发挥计算机的作用。

第二节　计算机系统概述

　　计算机是现代高科技产品，既可以进行数值的编辑和计算，又可以进行逻辑功能计算，同时还有强大的存储记忆功能，而这一切功能都是按照预先设定的程序来实现的。

　　从改革开放到今天，计算机在我国的应用越来越普遍，计算机用户量正在以惊人的速度不断攀升，同时计算机的应用水平也在逐步提升，并集中体现在互联网、通信、多媒体等各个领域。

一、计算机系统的发展历史

（一）局域网阶段

从 20 世纪 80 年代开始，随着微型计算机的增多，我国许多单位组建了局域网，多采用以太网技术（该技术是 IEEE 802.3 协议的基础），总线型是拓扑结构，信道访问协议为 CSMA/CD，传输介质是同轴电缆，网络操作系统为 UNIX 和 3ComPlus，数据传输速率为 10 Mbit/s。

进入 20 世纪 90 年代以后，局域网的传输开始采用双绞线，网络操作系统为 NOVELL 公司的 NetWare，此后局域网得到广泛应用，网络互联设备主要是中继器和网桥。

1994 年以后，局域网普遍开始使用 Windows NT 网络操作系统，人们设计出数据传输速率达到 100 Mbit/s 的快速以太网，光纤开始作为传输介质。为适应高速网络的要求，数据编码方式有了变化，开始流行用路由器进行网络互联。

1998 年，千兆以太网出现并开始广泛用于构筑企业网和校园网的主干网，由于数据传输速率高，组网、应用简单方便，千兆以太网迅速成为局域网的主流技术。

2002 年 3 月，万兆以太网产品问世，并保持向下兼容。Windows 2000 Server 和 Windows 2000 Advanced Server 成为主要的网络操作系统。万兆以太网产品的应用，使得不少企业开始组建企业内部的互联网，称为 Intranet，也称内联网。

（二）广域网阶段

1980 年，中华人民共和国铁道部（曾是主管铁路工作的国务院组成部门之一）开始进行计算机联网实验，设计和组建用于行车调度的运输管理系统，这一系统后来演变为铁路运输管理信息系统。

1989 年，中国第一个公用分组交换网建成。值得注意的是，欧洲一些国家是在 20 世纪 70 年代就开始了公用分组交换网的实验。1993 年 9 月，我国建成新的公用分组交换数据网，简称 CHINAPAC，由国家主干网和省级内网组成，网络管理中心在北京，并在北京、上海和广州设有国际出口，主干网覆盖 2 300 多个市、县以及乡镇，端口达 13 万个，用户数据传输速率可以达到 64 kbit/s，中继线的通信速率为 64 kbit/s～2.048 Mbit/s。

从 20 世纪 90 年代起，随着 Internet 应用的普及，中国陆续组建了基于 Internet 技术的 4 个覆盖全国的公用计算机网络，并支持与 Internet 的互联，这些网络是：中国公用计算机互联网（CHINANET）、中国国家公用经济信息通信网（CHINAGBN）、中国教育和科研计算机网络（CERNET）、中国科技网（CSTNET）。前两个网络由中国电信组建，是经营性网络，后两个分别由当时的国家教育委员会（今为教育部）和中国科学院组建，是公益性网络。

CHINANET 于 1995 年组建，由主干网和接入网组成，主干网构成主要信息通路，由各省会城市和直辖市节点组成，接入网则由各省、自治区、直辖市内建设的网络节点组成。全国各地的用户均可以通过 163 拨号上网。CHINANET 在北京、上海和广州设有高速国际出口线路与 Internet 互联，主干线路的数据传输速率以 2.048 Mbit/s 为主，并逐步提高到 34 Mbit/s，甚至是更高的数据传输速率。

1993 年，中国启动了实现国民经济信息化的网络工程，称为金桥工程，中国吉通网络通讯有限公司负责实施 CHINAGBN 的建设。1996 年 CHINAGBN 建成，这是一个开放式的互联网络，覆盖全国，包括卫星网和地面的光纤网，称为"天地一体"，提供的主干速率为 128 kbit/s～8 Mbit/s。

CHINAGBN 可以传输数据、语音、图像等，为金融、海关、外贸、交通、科学技术、国家安全等领域的各种信息业务系统提供服务。其他的"金"字头工程都是在金桥工程基础设施上运行的信息化应用工程。

1994 年，当时的国家教育委员会（为教育部的前身）启动"211 工程"建设，开始组建中国教育和科研计算机网络，简称 CERNET，也称"金智工程"。全国按地域分为 8 个地区，构成主干网、地区网、校园网三级结构，网络控制中心设在清华大学，并通过网络控制中心的国际出口与 Internet 连接。

CSTNET 是中国科学院领导下的学术性、非营利的科研计算机网络，是我国最早的国际互联网络接入方，是我国互联网创建时期的四大网络之一。截至 2013 年初，CSTNET国内骨干网已涵盖北京、广州、上海、昆明等 13 家地区分中心和 20 个独立所。拥有多条国际线路，分别通往欧洲、美国、俄罗斯、韩国、日本等地，并与香港、台湾等地区以及与 CHINANET、CERNET、国家互联网交换中心等国内主要互联网运营商实现高速互联，已成为中国互联网行业快速发展的一支主要力量。

1989 年 8 月，中国科学院承担了原国家计委立项的"中关村地区教育与科研示范网络主干网"（NCFC）——CSTNET 前身的建设。1994 年 4 月，NCFC 率先与美国NSFNET 直接互联，实现了中国与 Internet 全功能网络连接，标志着我国最早的国际互联网络的诞生。1996 年 2 月，中国科学院决定正式将以 NCFC 为基础发展起来的中国科学院的计算机网络（CASNET）命名为"中国科技网（CSTNET）"。

如今，CSTNET 为广大用户提供互联网接入、国际国内网络互联服务，网络管理与安全服务，视频会议系统服务，邮件系统服务等，为国家科学技术的创新发展提供基础性的信息化支撑与保障。其高效、稳定、安全的网络平台正在被高能物理、大气科学、生命科学和生物科学等关键科研领域广泛使用。

（三）CNGI 和互联网阶段

2003 年，中华人民共和国国家发展和改革委员会等八部委联合启动了中国下一代互联网示范工程（China Next Generation Internet, CNGI）。2006 年 9 月，中国下一代互联网示范工程示范网络核心网 CNGI-CERNET2 建设项目通过鉴定和验收。

CNGI-CERNET2 立足于国产关键设备和自行研发的技术，设计和建设了世界最大的纯 IPv6 互联网主干网，该网建设难度大，有多项重大创新，在国内外产生了重要影响。

二、计算机系统的组成

根据计算机的工作特点，可以把计算机描绘成一台能存储程序和数据，并能自动执行程序的机器，是一种能对各种数字化信息进行处理的工具。计算机系统是由计算机硬件和计算机软件组成的。计算机硬件是指构成计算机的所有实体部件的集合，通常这些部件由电路（电子元件）、机械元件等物理部件组成，它们都是看得见、摸得着的物体。软件主要是一系列按照特定顺序组织的计算机数据和指令的集合。较为全面的软件定义为：软件是计算机程序、方法和规范及其相应的文档，以及在计算机上运行时所必需的数据。软件是相对于机器硬件而言的。

（一）计算机系统的硬件

尽管计算机已经发展了五代，有各种规模和类型，但是当前的计算机仍然遵循被誉为"计算机之父"的冯·诺伊曼（John von Neumann）提出的基本原理运行。冯·诺伊曼提出的基本原理是：第一，采用二进制形式表示数据和指令，指令由操作码和地址码组成；第二，将程序和数据存放在存储器中，计算机在工作时从存储器取出指令加以执行，自动完成计算任务，这就是"存储程序"和"程序控制"（简称存储程序控制）的概念；第三，指令的执行是有顺序的，即一般按照指令在存储器中存放的顺序执行，程序分支由转移指令实现；第四，计算机由存储器、运算器、控制器、输入设备和输出设备等五大基本部件组成，并规定了这五个部件的基本功能。

冯·诺伊曼提出的基本原理奠定了现代计算机的基本架构，并开创了程序设计的时代。采用这一原理设计的计算机被称为冯·诺伊曼机。冯·诺伊曼机有五大组成部件，原始的冯·诺伊曼机在结构上是以运算器为中心的，但演变到现在，电子数字计算机已经转向以存储器为中心。

在计算机的五大部件中，运算器和控制器是信息处理的中心部件，所以它们合称为"中央处理单元"（即 CPU）。存储器、运算器和控制器在信息处理中起主要作用，是计算机硬件的主体部分，通常被称为"主机"。而输入设备和输出设备统称为"外部设备"，简称为外设或 I/O 设备。

1.运算器和控制器

（1）运算器

运算器由算术逻辑单元、累加器、状态寄存器、通用寄存器等组成。算术逻辑运算单元的基本功能是进行加、减、乘、除等算术运算，与、或、非、异或等逻辑运算操作。计算机运行时，运算器的操作种类由控制器决定。运算器处理的数据来自存储器，处理后的结果数据通常被送回存储器，或暂时寄存在运算器中。

运算器的主要功能：完成对各种数据的加工处理；运算器中的寄存器可以临时保存参与运算的数据和运算的中间结果等；运算器中还要设置相应的部件，用来记录一次运算结果的特征情况，如是否溢出、结果的符号位、结果是否为零等。

运算器的分类：依据小数点的表示形式进行划分，可将运算器划分为两种类型：一种是定点运算器，这种运算器只能做定点数运算，特点是机器数所表示的范围较小，但结构较简单；另一种是浮点运算器，这一种运算器功能较强，既能对浮点数又能对定点数进行运算，机器数所表示的范围很大，但结构相对复杂。还可以从进位制方面划分，一般计算机都采用二进制运算器，随着计算机广泛应用于商业和数据处理，越来越多的机器都扩充了十进制运算的功能，使运算器既能完成二进制运算，也能完成十进制运算。计算机中运算器需要具有完成多种运算操作的功能，因而必须将各种算法综合起来，设计一个完整的运算部件。

（2）控制器

控制器是计算机硬件系统的指挥和控制中心。当系统运行时，由控制器发出各种控制信号指挥系统的各个部分有条不紊地协调工作。然而，控制器产生控制信号的依据是"机器指令"，通过对一条指令译码，控制器将产生相应的一组控制信号，并控制计算机完成一组特定的操作。此外，控制器所产生的控制信号还要受时序的控制。

2.存储器

计算机的主存储器不能同时满足访问速度快、存储容量大和成本低的要求，在计算机中必须有速度由慢到快、容量由大到小的多级层次存储器，以最优的控制调度算法和合理的成本，构成性能可接受的存储系统。

制约存储器设计的因素主要有三个：容量、速度及价格。这三个因素的关系为：速度越快，每位价格越高，容量配置越小；速度越慢，每位价格越低，容量配置越大。

为了权衡以上因素，目前主要采用存储器层次结构，而不是依赖单一的存储部件或技术。在现代计算机系统中存储层次可分为 CPU 内寄存器、高速缓冲存储器（简称高速缓存）、主存储器（即内存）、辅助存储器四级。高速缓冲存储器用来改善主存储器与处理器的速度匹配问题，辅助存储器又称外存储器（简称外存），用于扩大存储空间。

（1）高速缓冲存储器

高速缓冲存储器的原始意义是指访问速度比一般随机存取存储器更快的一种随机存取存储器，一般而言，它不像系统主存那样使用动态随机存储器技术，而是使用昂贵但较快速的静态随机存储器技术。

高速缓冲存储器是介于主存与 CPU 之间的一级存储器，由静态存储芯片组成，容量较小但速度比主存快，其最重要的技术指标是它的命中率。高速缓冲存储器与主存储器之间信息的调度和传送是由硬件自动进行的。

①组成结构。

高速缓冲存储器主要由三大部分组成：一是 Cache 存储体，其作用是存放由主存调入的指令与数据；二是地址转换部件，其作用是建立目录表以实现主存地址到缓存地址的转换；三是置换部件，其作用是在缓存已满时按一定策略进行数据替换，并修改地址转换部件中的目录表。

②工作原理。

高速缓冲存储器通常由高速存储器、联想存储器、置换逻辑电路和相应的控制线路组成。在有高速缓冲存储器的计算机系统中，处理器存取主存储器的地址划分为行号、列号和组内地址三个字段。于是，主存储器就在逻辑上划分为若干行，每行划分为若干个存储单元组，每组包含几个或几十个字。高速存储器也相应地划分为行和列的存储单元组。二者的列数相同，组的大小也相同，但高速存储器的行数却比主存储器的行数少得多。

联想存储器用于地址联想，有与高速存储器行数和列数相同的存储单元。当主存储器中某一列某一行存储单元组调入高速存储器同一列某一空着的存储单元组时，与联想存储器对应位置的存储单元就记录调入的存储单元组在主存储器中的行号。

当处理器存取主存储器时，硬件首先自动对存取地址的列号字段进行译码，以便将联想存储器该列的全部行号与存取主存储器地址的行号字段进行比较。若有相同的，表明要存取的主存储器单元已在高速存储器中，称为命中，硬件就将存取主存储器的地址映像为高速存储器的地址并执行存取操作；若都不相同，则表明该单元不在高速存储器中，称为失效，硬件将执行存取主存储器操作并自动将该单元所在的那一主存储器单元组调入高速存储器相同列中空着的存储单元组中，同时将该组在主存储器中的行号存入联想存储器对应位置的单元内。

当出现失效而高速存储器对应列中没有空的位置时，便淘汰该列中的某一组以腾出位置存放新调入的组，这称为置换。确定置换的规则称为置换算法，常用的置换算法有最近最久未使用算法、先进先出法和随机法等。置换逻辑电路就是执行这个功能的。另外，当执行单元存入主存储器操作时，为保持主存储器和高速存储器内容的一致性，对命中和失效分别进行处理。

③地址映像与转换。

地址映像是指某一数据在主存中的地址与在缓存中的地址二者之间的对应关系。下面介绍三种地址映像方式。

a. 全相联方式。

全相联方式的地址映像规则是主存储器中的任意一块可以映像到 Cache 中的任意一块，其基本实现思路是：主存与缓存分成相同大小的数据块，主存的某一数据块可以装入缓存的任意一块空间中。目录表存放在联想存储器中，包括三部分：数据块在主存的块地址、存入缓存后的块地址及有效位（也称装入位）。由于是全相联方式，因此目录表的容量应当与缓存的块数相同。

全相联方式的优点是命中率比较高，Cache 存储空间利用率高；缺点是访问相关存储器时，每次都要与全部内容比较，速度低且成本高，因而应用少。

b. 直接相联方式。

直接相联方式的地址映像规则是主存储器中某一块只能映像到 Cache 中的一个特定的块，其基本实现思路是：主存与缓存分成相同大小的数据块；主存容量应是缓存容量的整数倍，将主存空间按缓存的容量分成区，主存中每一区的块数与缓存的总块数相等；主存中某区的一块存入缓存时只能存入缓存中块号相同的位置上。主存中各区内相同块号的数据块都可以分别调入缓存中块号相同的地址中，但同时只能有一个区的块存入缓存中。由于主、缓存的块号及块内地址两个字段完全相同，因此登记目录时，只记录调入块的区号即可。目录表存放在高速小容量存储器中，包括两个字段：数据块在主存的区号和有效位。目录表的容量与缓存的块数相同。

直接相联方式的优点是地址映像方式简单，访问数据时，只需检查区号是否相等即可，因而可以得到比较快的访问速度，且硬件设备简单；缺点是置换操作频繁，命中率比较低。

c. 组相联映像方式。

这种方式的地址映像规则是主存储器中某一块只能存入缓存的同组号的任一块中，其基本实现思路是：主存和缓存按同样大小划分成块；主存和缓存按同样大小划分成组，主存容量是缓存容量的整数倍，将主存空间按缓存区的大小分成区，主存中每一区的组数与缓存的组数相同；当主存中的数据调入缓存中时，主存与缓存的组号应相等，也就是各区中的某一块只能存入缓存的同组号的空间内，但组内各块之间可任意存放，即从主存的组到缓存的组之间采用直接映像方式；在两个对应的组内部采用全相联映像方式。

主存地址与缓存地址的转换由两部分构成：组地址采用的是直接映像方式，按地址进行访问；块地址采用的是全相联方式，按内容访问。

组相联映像方式的优点是块的冲突概率比较低，块的利用率大幅度提高，块的失效率明显降低；缺点是实现难度和造价要比直接相连方式高。

（2）内存

内存又称内存储器或主存储器，由半导体器件制成，是计算机的重要部件之一，是CPU 能直接寻址的存储空间，其特点是存取速率快。计算机中所有程序的运行都是在内存中进行的，因此内存的性能对计算机的影响非常大。内存的作用是暂时存放 CPU中的运算数据以及与硬盘等外部存储器交换的数据。只要计算机在运行中，CPU 就会把需要运算的数据调到内存中进行运算，当运算完成后 CPU 再将结果传送出来。

我们平常使用的程序，如 Windows 操作系统等，一般都是安装在硬盘等外存上的，但仅此是不能使用其功能的，必须把它们调入内存中运行，才能真正使用其功能。我们平时输入一段文字，或玩一个游戏，其实都是在内存中进行的。就好比在一个书房里，存放书籍的书架和书柜相当于电脑的外存，而我们工作的办公桌就是内存。通常我们把要永久保存的、大量的数据存储在外存上，而把一些临时的或少量的数据和程序放在内存中，当然，内存的性能会直接影响电脑的运行速度。内存包括只读存储器（read-only memory, ROM）和随机存取存储器（random-access memory, RAM）两类。

在制造 ROM 的时候，信息（数据或程序）就被存入并永久保存，这些信息只能读出，不能写入，即使机器停电，数据也不会丢失。ROM 一般用于存放计算机的基本程序和数据，如只读存储器基本输入输出系统，其物理外形一般是双列直插式的集成块。

RAM 表示既可以从中读取数据，也可以写入数据。当机器电源关闭时，存于其中的数据就会丢失。我们通常购买或升级的内存条就是用作电脑的内存，它是将 RAM 集成块集中在一起的一小块电路板，插在计算机中的内存插槽上，以减少 RAM 集成块占用的空间。

物理存储器和存储地址空间是两个不同的概念，但因为二者有十分密切的关系，且都使用 B、KB、MB 及 GB 来度量其容量大小，所以容易产生认识上的混淆。物理存储器是指实际存在的具体存储器芯片。例如，主板上装插的内存条和装载有系统的基本输入输出系统的 ROM 芯片，显示卡上的显示 RAM 芯片、装载显示基本输入输出系统的 ROM 芯片、各种适配卡上的 RAM 芯片和 ROM 芯片都是物理存储器。存储地址空间是指对存储器编码的范围。所谓编码，就是对每一个物理存储单元（一个字节）分配一个号码，通常叫作"编址"。分配一个号码给一个存储单元的目的是便于找到它，完成数据的读写，这就是所谓的"寻址"，因此有人也把存储地址空间称为寻址空间。

（3）磁盘

磁盘是最常用的外部存储器，人们一般将圆形的磁性盘片装在一个方形的密封盒子里，这样做的目的是防止磁盘表面划伤，导致数据丢失。存放在磁盘上的数据信息可长期保存且可以反复使用。磁盘有软磁盘和硬磁盘之分，当前软磁盘已经基本被淘汰，计算机广泛使用的是硬磁盘，我们可以把它比喻成电脑储存数据和信息的大仓库。

①硬磁盘的种类和构成。

硬磁盘的种类主要包括 SCSI、IDE 以及现在流行的 SATA 等。任何一种硬磁盘的生产都有一定的标准，随着相应标准的升级，硬磁盘生产技术也在升级，比如 SCSI 标准已经经历了 SCSI-1、SCSI-2 及 SCSI-3，而目前我们经常在网站服务器看到的 Ultra-160 就是基于 SCSI-3 标准的。IDE 遵循的是 ATA 标准，而目前流行的 SATA，是 ATA 标准的升级版本。IDE 是并口设备，而 SATA 是串口，SATA 的发展是为了替换 IDE。

一般说来，无论是哪种硬磁盘，都是由盘片、磁头、盘片主轴、控制电机、磁头控制器、数据转换器、接口、缓存等组成的。

所有的盘片都固定在一个旋转轴上，这个轴即盘片主轴。而所有盘片之间是绝对平行的，在每个盘片的存储面上都有一个磁头，磁头与盘片之间的距离比头发丝的直径还小。所有的磁头连在一个磁头控制器上，由磁头控制器负责各个磁头的运动。磁头可沿盘片的半径方向做径向移动（实际是斜切向运动），每个磁头同一时刻也必须是同轴的，即从正上方向下看，所有磁头任何时候都是重叠的（不过目前已经有多磁头独立技术，可不受此限制）。而盘片以每分钟数千转到每分钟上万转的速度高速旋转，这样磁头就能对盘片上的指定位置进行数据的读写操作。

②盘面、磁道、柱面和扇区。

a.盘面。

硬磁盘的盘片一般用铝合金材料做基片，高速硬磁盘也可能用玻璃做基片。硬磁盘的每一个盘片都有两个盘面，即上、下盘面，一般每个盘面都会利用，都可以存储数据，称为有效盘面，也有极个别的硬磁盘盘面数为单数。每一个这样的有效盘面都有一个盘面号，按顺序从上至下、从 0 开始依次编号。在硬磁盘系统中，盘面号又叫磁头号，因为每一个有效盘面都有一个对应的读写磁头。硬磁盘的盘片组有 2～14 片，通常有 2～3 个盘片，故盘面号（磁头号）为 0～3 或 0～5。

b.磁道。

磁盘在低级格式化时被划分成许多同心圆，这些同心圆轨迹叫磁道，信息以脉冲串的形式记录在这些轨迹中。磁道由外向内、从 0 开始按顺序编号。硬磁盘的每一个盘面有 300～1 024 个磁道，新式大容量硬磁盘每面的磁道数更多。每条磁道并不是连续记录数据，而是被划分成一段一段的圆弧，这些圆弧的角速度一样，但由于径向长度不一样，所以线速度也不一样，外圈的线速度较内圈的线速度大，即同样的转速下，外圈在同样时间段里，划过的圆弧长度要比内圈划过的圆弧长度大。每段圆弧叫作一个扇区，扇区从 1 开始编号，每个扇区中的数据作为一个单元同时读出或写入。磁道是看不见的，只是盘面上以特殊形式磁化了的一些磁化区，在磁盘格式化时就已规划完毕。

c.柱面。

所有盘面上的同一磁道构成一个圆柱，通常称作柱面，每个圆柱上的磁头由上而下、从 0 开始编号。数据的读/写按柱面进行，即磁头读/写数据时，首先在同一柱面内从 0 磁头开始进行操作，依次向下在同一柱面的不同盘面即磁头上进行操作，只有在同一柱面所有的磁头全部读/写完毕后，磁头才转移到下一柱面（同心圆再往里的柱面）。因为选取磁头只需通过电子切换即可，而选取柱面则必须通过机械切换，电子切换时磁头向邻近磁道移动的速度比机械切换时快得多，所以数据的读/写按柱面进行，而不按盘面进行，以提高硬磁盘的读/写效率。一块硬磁盘驱动器的柱面数（或每个盘面的磁道数）既取决于每条磁道的宽窄（同样，也与磁头的大小有关），也取决于定位机构所决定的磁道间步距的大小。

d.扇区。

操作系统以扇区形式将信息存储在硬磁盘上，每个扇区包括两个主要部分，即扇区标识符和存储数据的数据段（大小通常为 512 B）。

扇区标识符，又称为扇区头标，包括组成扇区三维地址的三个数字：盘面号，扇区所在的磁头（或盘面）；柱面号或磁道，确定磁头的径向方向；扇区号，在磁道上的位置，也叫块号，确定了数据在盘片圆圈上的位置。

扇区头标中还包括一个字段，其中有一个标识扇区是否能可靠存储数据的标记。有些硬磁盘控制器在扇区头标中还记录有指示字，可在原扇区出错时指引磁盘转到替换扇区或磁道。最后，扇区头标以循环冗余校验值作为结束，以供控制器检验扇区头标的读出情况，确保准确无误。

扇区的数据段用于存储数据信息，包括数据和保护数据的纠错码（error correcting code, ECC）。在初始准备期间，计算机将 512 个虚拟信息字节（实际数据的存放位置）和这些虚拟信息字节相应的 ECC 数字填入这个部分。

3.输入设备和输出设备

（1）输入设备

输入设备接收用户输入的数据（含多媒体数据）、程序或命令，然后将它们经设备接口传送到计算机的存储器中。常见的输入设备有键盘、鼠标、扫描仪、数字化仪、声音识别设备等。此处主要针对键盘和鼠标进行详细阐述。

①键盘。

键盘上的每个键有一个键开关，键开关有机械触点式、电容式、薄膜式等多种，其作用是检测出使用者的击键动作，把机械的位移转换成电信号，输入计算机中。

②鼠标。

鼠标是一种控制显示器屏幕上光标位置的输入设备。在 Windows 操作系统中，使用鼠标使操作计算机变得非常简单，如在桌面上或专用的平板上移动鼠标，使光标在屏幕上移动，选中屏幕上提示的某项命令或功能，并按一下鼠标上的按钮就完成了所要进行的操作。鼠标上有一个、两个或三个按钮，每个按钮的功能在不同的应用环境中有不同的作用。

鼠标依照所采用的传感技术可分如下三种：一是机械式鼠标，其底部有一个圆球，通过圆球的滚动带动内部两个圆盘运动,通过编码器将运动的方向和距离信号输入计算机内。二是光电式鼠标，采用光电传感器，底部不设圆球，而是一个由光电元件和光源组成的部件。当它在专用的有明暗相间的小方格组成的平板上运动时，光电传感器接收到反射的信号，测出移动的方向和距离。三是机械光电式鼠标，这种是上述两种结构的结合。它的底部有圆球，但圆球带动的不是机械编码盘而是光学编码盘，从而避免了机械磨损，也不需要专用的平板。

（2）输出设备

输出设备将程序运行结果或存储器中的信息传送到计算机外部，提供给用户。常见的输出设备有显示器、打印机、绘图仪、音频输出设备等。此处主要针对显示器和打印机进行详细阐述。

①显示器。

显示器是由监视器和显示适配器及有关电路和软件组成的，用以显示数据、图形、图像的计算机输出设备。显示器的类型和性能由组成它的监视器、显示适配器和相关软件共同决定。

监视器通常使用分辨率较高的显像管作为显示部件。显像管是将电信号转变为可见图像的电子束管，又称为阴极射线管，可分为单色显像管（包括黑色、白色、绿色、橘红色、琥珀色等）和彩色显像管两大类。显像管的原理是电子枪发射被调制的电子束，经聚焦、偏转后打到荧光屏上显示出发光的图像。其中，彩色显像管有产生红、绿、蓝三种基色的荧光屏和激励荧光屏的三个电子束。只要三基色荧光粉产生的光的分量不同，就可以形成颜色。

监视器的光标定位方法有随机扫描和光栅扫描两种，光栅扫描又分逐行扫描和交错隔行扫描（先扫描奇数行，再扫描偶数行，交错进行）两种。逐行光栅扫描有许多优点，目前已得到广泛应用。监视器的屏幕对角线有 12 英寸、14 英寸、15 英寸、20 英寸等不同规格。

组成屏上图像的点称为像素。屏上最小像素的大小由点距确定，点距越小，显示越清晰。

显示器的性能与显示适配器紧密相关。随着 PC 机的发展，显示适配器出现了多种型号。早期有单色显示适配器（MDA）和彩色图形显示适配器（CGA），后来有 HGA、EGA、VGA、SVGA、AVGA 等。

通常，显示适配器包括像素处理器、显示处理器、半导体读写存储器（即显存）、只读存储器和接口电路。这些器件被组装成一块电路板，一般称为显示卡。显示卡可直接插在计算机的主板上使用。

计算机执行图形或图像显示的命令时，像素处理器解释计算机送来的命令及参数，在读写存储器内实现画图操作，并作相应的彩色数据处理。由于分辨率高的彩色动态图像的数据量很大，所以对显存的容量要求越来越高，从早期的 64 KB 已经发展到 8 GB、16 GB 甚至更多。

②打印机。

打印机是计算机系统中的一个重要输出设备，它可以把计算机处理的结果（文字或图形）在纸上打印出来。

a.针式打印机。

用一组细针，在电路的驱动下击打色带，在纸上留下墨迹。根据针头的数量，打印机可分为 9 针打印机和 24 针打印机。一个西文字符可以由 8×9 点阵组成，用 9 针打印机一次就可以打印一行。一个汉字则需要由 16×16、24×24 或更多的点阵组成。对于一个由 24×24 点阵组成的汉字，用 9 针打印机需要反复 3 次才能完成，而使用 24 针打印机则可以一次打印完毕。点阵式打印机由于采用了击打方式，所以打印中噪声较大。它可以使用多种打印纸（有孔的宽型纸、窄型纸、复印纸或其他的单页纸等），可以用复写打印纸一次打印、多份拷贝，还可以打印蜡纸，用于印刷。打印的质量与色带的新旧程度有关。

b.喷墨式打印机。

这种打印机将墨水通过细小的喷嘴喷到纸上，打印质量较点阵式打印机好，噪声也较小。但是，它只能使用质量较好的单页纸，有的更限制为一种规格（一般是 A4）的复印纸。另外，它不能同时打印、多份拷贝，也不能打印蜡纸。

c.激光打印机。

激光打印机的打印质量最好，速度快，噪声低，但价格比前两种高。激光打印机的工作原理是：由激光器发出的激光束经声光调制偏转器按字符点阵的信息调制。在高频超声信号的作用下，声光偏转器衍射出形成字符的调制光束。当频率发生变化时，激光束的衍射角度随之变化，形成纵向的扇出光束。此扇出光束经高速旋转的多面镜反射，在预先荷电的转印鼓面上扫描曝光。鼓面被激光束照射的部位的电荷消失，形成静电潜象。当鼓面经过带相反电荷的色粉时，由于静电作用吸附上色粉，进行显影。在电场的作用下，色粉由鼓面被转印到纸上。经热挤滚压定影之后，字符便永久性地印在纸上。

此外，还有一些特殊用途的打印机，如票据打印机、条码打印机等。

（二）计算机系统的软件

一个完整的计算机系统是由硬件和软件两部分组成的，没有任何软件的计算机称为裸机。裸机本身几乎不具备任何功用，只有配备一定的软件，才能发挥其功用。实际呈现在用户面前的计算机系统是经过若干个软件改造的计算机，而其功能的强弱也与所配备的软件有关。相对于计算机硬件而言，软件是计算机的无形部分，但它的作用很大。如果只有好的硬件，没有好的软件，则计算机难以显示出它的优越性能。软件一般可分为系统软件和应用软件两大类。

1.系统软件

系统软件通常负责管理、控制和维护计算机的各种软硬件资源，并为用户提供一个友好的操作界面和工作平台。常见的系统软件主要指操作系统，当然也可以包括语言处理程序（编译）、连接装配程序、系统实用程序以及数据库软件等。目前常见的系统软件有操作系统、语言处理程序、数据库管理系统以及系统支撑或服务程序等。

（1）操作系统

操作系统是最底层的系统软件，它是对硬件系统功能的首次扩充，也是其他系统软件和应用软件能够在计算机上运行的基础。操作系统实际上是一组程序，它们用于统一管理计算机中的各种软、硬件资源，合理地组织计算机的工作流程，协调计算机系统各部分之间、系统与用户之间、用户与用户之间的关系。由此可见，操作系统在计算机系统中占有非常重要的地位。通常，操作系统具有五个方面的功能，即存储管理、处理器管理、设备管理、文件管理和作业管理。

（2）语言处理程序

程序设计语言是软件系统的重要组成部分，而相应的各种语言处理程序属于系统软件。程序设计语言一般分为机器语言、汇编语言和高级语言三类。第一，机器语言。机器语言是最底层的计算机语言，用机器语言编写的程序，计算机硬件可以直接识别。第二，汇编语言。汇编语言是为了便于理解与记忆，用助记符号代替机器语言而形成的一种语言。第三，高级语言。高级语言与具体的计算机硬件无关，其表达方式接近被描述的问题，易为人们所接受和掌握。用高级语言编写程序要比低级语言容易得多，并大大简化了程序的编制和调试，使编程效率得到大幅提高。高级语言的显著特点是独立于具体的计算机硬件，通用性和可移植性好。

（3）数据库管理系统

随着计算机硬件和软件的发展，计算机在信息处理、情报检索以及各种管理系统中的应用越来越广泛，这些都要求大量处理某些数据，建立和检索大量的表格。如果将这些数据和表格按一定的规律组织起来，可以使得这些数据和表格处理起来更方便，检索更迅速，用户使用更方便，于是出现了数据库。数据库就是相关数据的集合，数据库和管理数据库的软件构成数据库管理系统。数据库管理系统目前有许多类型，常用的数据库管理系统有 SQL、Server、Oracle、MySQL 和 Visual FoxPro 等。

（4）系统支撑或服务程序

该类程序又称工具软件，如系统诊断程序、调试程序、排错程序、编辑程序、查杀病毒程序等，都是为维护计算机系统的正常运行或支持系统开发所配置的软件系统。

2.应用软件

应用软件是指除了系统软件以外的所有软件，它是用户利用计算机及其提供的系统软件为解决各种实际问题而编制的计算机程序。计算机已渗透在各个领域，因此应用软件是多种多样的。常见的应用软件有：用于科学计算的程序，包括文字处理软件，计算机辅助设计、辅助制造和辅助教学软件，图形处理软件等。

（三）硬件与软件的逻辑等价性

现代计算机不能简单地被认为是一种电子设备，而是一个十分复杂的由软件、硬件结合而成的系统。而且，在计算机系统中并没有一条明确的关于软件与硬件的分界线，没有一条硬性准则来明确指定什么必须由硬件完成，什么必须由软件完成。因为，任何一个由软件所完成的操作也可以直接由硬件来实现，任何一条由硬件所执行的指令也能用软件来完成。这就是所谓的软件与硬件的逻辑等价。例如，在早期计算机和低档微型机中，由硬件实现的指令较少，像乘法操作，就是通过一个子程序（软件）实现的。但是，如果用硬件线路直接完成，速度会很快。另外，由硬件线路直接完成的操作，也可以由控制器中微指令编制的微程序来实现，从而把某种功能从硬件转移到微程序上。另外，还可以把许多复杂的、常用的程序硬件化，制作成所谓的"固件"。固件是一种介于传统的软件和硬件之间的实体，功能上类似于软件，但形态上又是硬件。

微程序是计算机硬件和软件相结合的重要形式。第三代以后的计算机大多采用了微程序控制方式，以保证计算机系统具有最大的兼容性和灵活性。从形式上看，用微指令编写的微程序与用机器指令编写的系统程序差不多。微程序深入机器的硬件内部，以实现机器指令操作为目的，控制着信息在计算机各部件之间的流动。微程序也基于存储程序的原理，存放在控制存储器中，所以也是借助软件方法实现计算机工作自动化的一种形式。这充分说明软件和硬件是相辅相成的。第一，硬件是软件的物质支柱，正是在硬件高度发展的基础上才有了软件的生存空间和活动场所。没有大容量的主存和辅存，大型软件将发挥不了作用，而没有软件的"裸机"也毫无用处，就像人只有躯壳而没有灵魂。第二，软件和硬件相互融合、相互渗透、相互促进的趋势越来越明显。硬件软化（微程序即是一例）可以增强系统功能和适应性。软件硬化能有效发挥硬件成本日益降低的优势。随着大规模集成电路技术的发展和软件硬化的趋势，软硬件之间明确的划分已经显得比较困难了。

三、计算机控制系统

简单来说，若控制系统中的控制器功能由数字计算机实时完成，则该系统称为计算机控制系统。与一般控制系统相同，计算机控制系统可以是闭环的，这时计算机要不断采集被控对象的各种状态信息，按照一定的控制策略处理后，输出控制信息直接影响被控对象。

它也可以是开环的，这有两种方式：一种是计算机只按时间顺序或某种给定的规则影响被控对象；另一种是计算机处理过来自被控对象的信息后，只向操作人员提供操作指导信息，然后由人为手段去影响被控对象。

计算机控制系统由控制部分和被控对象组成，其控制部分包括硬件部分和软件部分，这不同于只有硬件部分的模拟控制器系统。计算机控制系统的软件部分包括系统软件和应用软件。系统软件一般包括操作系统、语言处理程序和服务性程序等，它们通常由计算机制造厂为用户配套，有一定的通用性。应用软件是为实现特定控制目的而编制的专用程序，如数据采集程序、控制决策程序、输出处理程序和报警处理程序等。它们涉及被控对象的自身特征和控制策略等，由操作控制系统的专业人员自行编制。

（一）计算机控制系统的应用和发展

在现代科学技术领域中，自动化技术与计算机技术被认为是发展最快的两个分支。

自动控制技术对于工农业生产和科学技术的发展具有越来越重要的作用。自动控制技术不仅对航空航天、导弹制导、核技术、生物工程等新兴学科领域的发展意义重大，而且在金属冶炼、仪器制造及一般工业生产（如煤炭、建筑、石化等）中同样具有重要的意义。计算机控制技术对工业过程实现自动控制、提高生产效率、降低劳动强度、高产稳产、提高经济效益起到决定性作用。计算机控制理论是以自动控制理论和计算机技术为基础发展起来的一门新兴学科，与自动控制理论和计算机技术有密切关系。

计算机的出现和发展，在科学技术史上引起了一场深刻的革命。计算机不仅在科学计算、数据处理等方面获得了广泛的应用，而且在自动控制领域也得到了越来越广泛的应用。计算机在自动控制中的应用就是直接参与控制，承担控制系统中控制器的任务，从而形成计算机控制系统，又称数字控制系统。

计算机控制系统（computer control system, CCS）是计算机参与控制并借助一些辅助部件与被控对象保持联系，以获得一定控制目的而构成的系统。这里的计算机通常指数字计算机，可以有各种规模，如从微型到大型的通用或专用计算机，涵盖了我们常见的各种数字控制器和可编程逻辑控制器（programmable logic controller, PLC）等。辅助部件主要指输入（输出）接口、检测装置和执行装置等。与被控对象的联系和部件间的联系，可以采用有线方式，如通过电缆的模拟信号或数字信号进行联系；也可以采用无线方式，如用红外线、微波、无线电波、光波等进行联系。被控对象的范围很广，包括各行各业的生产过程、机械装置、交通工具、机器人、实验装置、仪器仪表、家庭生活设施、家用电器和儿童玩具等。控制目的可以使被控对象的状态或运动过程达到某种要求，也可以是某种最优化的目标。

古典控制理论是在 20 世纪 40 年代发展起来的，现在仍是分析、设计自动控制系统的主要理论基础，应用较多的是频率法和根轨迹法。这些方法用来进行单输入单输出的单变量线性系统控制非常有效。随着生产力的发展，控制对象越来越复杂，自动控制要解决的问题越来越难，出现了多变量系统、非线性系统、系统参数随时间变化的实变系统、分布参数控制系统以及最优控制系统等，而古典控制理论难以分析设计上述复杂系统。进入 20 世纪 60 年代，以状态空间法为基础的现代控制理论逐渐形成，现代控制理论的形成与发展为数字计算机应用于自动控制领域创造了条件。生产技术的进步和科学技术的发展，要求有更加复杂、更加完善的控制装置，以期达到更高的精度、更快的速度和更大的经济利益，常规控制方法难以满足如此高的性能要求。计算机的出现及其在自动控制领域的应用，使得自动控制发生了巨大飞跃。因为计算机具有精度高、速度快、存储量大等特点，因此可以实现高级、复杂的控制算法，取得快速精密的控制效果。早在 20 世纪 50 年代，计算机采样控制系统理论就已经产生。随着计算机控制技术的推广和应用，人们不断总结、提高，逐步形成了计算机控制理论。计算机控制已成为自动控制的重要手段，广泛应用于各种生产过程中，构成计算机控制系统。计算机控制系统的分析与设计方法不断得到提高与完善。计算机所具有的信息处理能力，能够将过程控制和生产管理有效结合起来，从而对工厂、企业或企业体系的管理实现信息自动化和信息资源共享化。20 世纪 70 年代以后，由于微电子技术迅猛发展，计算机本身也得到飞速发展，每 5～8 年，计算机的计算速度提高约 10 倍，体积缩小 90%，成本降低 90%。现在的计算机在速度、性能、可靠性、能耗、性价比等方面都有了较大的进步。现在一台个人计算机的运算速度已经相当于原来的大型机甚至巨型机的速度。

（二）典型的计算机控制系统

计算机控制系统的应用领域非常广泛，控制对象有大的有小的、有简单的有复杂的，各不相同。计算机可以控制单台设备或单个阀门，也可以控制和管理一个车间、整个工厂、一座大厦以至整个企业。计算机控制既可以是单回路参数的简单控制，也可以是复杂控制规律的多变量解耦控制、最优控制、自适应控制以及具有人类智慧的智能控制。下面介绍几个典型的计算机控制系统。

实例 1：制冷过程计算机控制系统。

某工厂的冷库是国内第一个采用计算机控制系统的万吨级冷库。它有三个制冷系统：结冻系统、低温冷藏系统和高温冷藏系统。采用计算机对制冷工艺进行实时控制时，主要有以下几点要求：

第一，实现能量匹配的自动调节，以提高制冷效率。

第二，对各制冷系统进行闭环调节，使高温、低温冷库分别实现恒温控制，结冻系统实现速冻、低耗。

第三，对现场参数实现巡回监测、报警监测。

制冷控制系统以一台工控机为中心，通过 AI 通道、DI 通道及中断扩展接口采集有关工艺参数，并送到计算机进行运算、分析和判断，再通过 AO 通道、DO 通道及有关接口进行调节控制。

计算机控制系统的功能如下：

第一，通过 AI 通道对现场 75 路温度、5 路压力的参数进行巡回监测，定时打印制表。

第二，对现场 84 个限值监视点进行声、光报警监视。

第三，对温度进行闭环控制。

①对 $-15\ ℃$ 高温冷藏库房（5 间）进行恒温调节；

②对 $-28\ ℃$ 低温冷藏库房（34 间）进行恒温调节；

③对 $-33\ ℃$ 冷冻系统（8 间）进行速冻、低耗的最优控制；

④对系统蒸发温度的调节。

第四，自动启停和能量匹配。

①对 10 台氨气压缩机进行自动启停、配组及能量匹配控制；

②对氨合成回路进行自动启停控制；

③对冷风机进行自动启停控制。

第五，事故处理。

①设备异常事故的处理及备用设备的投入运行。

②系统及重要事故的处理。

制冷过程计算机控制系统操作简便、维修容易、切换灵活、投资少、见效快。系统运行比较稳定可靠，在提高保鲜质量、减少食品干耗、节约电能、降低劳动强度、安全生产等方面取得了显著效果。

实例2：水泥厂生料系统质量计算机控制系统。

水泥厂生料系统质量控制直接影响到水泥质量，生料系统的控制对水泥厂提高水泥质量、产量具有非常重要的意义。由计算机控制生料系统是典型的与基础控制及先进控制有关的例子。

计算机控制系统的基本功能如下：

第一，生料生产过程控制（设备控制有启停、急停、就地、集中、逻辑闭锁等）。

第二，石灰石、铁粉、黏土、萤石配料闭环控制。

第三，生料磨机负荷最优控制，磨机轴瓦温度监测与控制。

第四，生料率值的质量控制。

水泥厂生料系统质量控制在全厂DCS（distributed control systems，分布式控制系统）中实现，作为DCS的子环节。计算机控制系统主要有以下几个功能：

第一，模拟量输入20路，完成对现场温度、仓位、给料量、磨机负荷等参数的检测，并直接生成产量统计报表，将其发送至网络服务器，以便决策层及时对生产实际情况做出决策。

第二，控制系统对生料磨机的负荷进行实时检测，并控制系统总的给料量，使磨机始终处于最佳负荷工作状态，防止磨机空磨和饱磨发生。

第三，四个给料环节通过PID（也称PID调节器，比例proportional、积分integral、微分differential的缩写）或FUZZY控制（模糊控制），使物料配比精确，保证产品质量。

第四，以三个率值为目标，用先进控制理论建立水泥质量控制模型，对系统实现动态质量控制，实现高产高效。

第五，开关量输入输出 60 点，完成对生产设备的状态监测，对故障、超限等进行声光报警。

（三）计算机控制系统的工作方式

计算机控制系统有实时、在线和离线三种工作方式。

①实时方式。

所谓"实时"，是指信号的输入、计算和输出都是在一定时间范围内完成的，即计算机以足够快的速度处理输入信息，并在一定的时间内做出反应并进行控制，超出了这个时间就会失去控制时机，控制也就失去了意义。

②在线方式。

在计算机控制系统中，如果生产设备直接与计算机连接，生产过程直接受计算机控制，这种方式就叫作"联机"方式或"在线"方式。

③离线方式。

若生产设备不直接与计算机相连接，其工作不直接受计算机控制，而是通过中间记录介质，靠人进行联系并进行相应操作，这种方式叫作"脱机"方式或"离线"方式。

（四）计算机控制系统的特点

计算机控制系统与常规仪表控制系统相比，在工作方式上有许多特点。计算机控制系统通常具有精度高、速度快、存储容量大和有逻辑判断功能等特点，因此可以实现高级复杂的控制方法，获得快速精密的控制效果。计算机技术的发展已使整个人类社会发生了可观的变化，自然也被应用在了工业生产和企业管理中。而且，计算机所具有的信息处理能力，能够进一步把过程控制和生产管理有机地结合起来，从而实现工厂、企业的全面自动化管理。

（五）计算机控制系统的典型应用形式

微型计算机控制系统与其所控制的生产对象密切相关，控制对象不同，控制系统的组成也就不同。

①操作指导控制系统。

所谓操作指导控制系统，是指计算机的输出不直接用来控制生产对象，它对生产过程中的各种工艺变量进行巡回检测、处理、记录及超限报警，同时对这些变量进行累计分析和实时分析，得出各种趋势分析，为操作人员提供参考。

该控制系统属开环控制型结构。这时微机的输出与生产过程的各个控制单元不直接发生联系，操作人员根据计算机输出的数据对调节器进行操作。在这种系统中，每隔一定的时间，计算机进行一次采样，经 A/D 转换后送入计算机进行加工处理，然后进行输出（包括打印和显示，甚至报警等）。操作人员根据这些结果进行设定值的改变或必要的操作。

该系统最突出的优点是比较简单，且安全可靠，特别是对于未摸清控制规律的系统更为适用，常常被用于计算机系统的初级阶段，或用于试验新的数学模型和调试新的控制程序等。它的缺点是仍要人工进行操作，所以操作速度不可能太快，而且不能同时操作多个环节。它相当于模拟仪表控制系统的手动和半自动工作状态。

②直接数字控制系统。

DDC（direct digital control）直接数字控制，通常称为 DDC 控制器。所谓直接数字控制系统，也称为 DDC 系统，就是指用一台微型计算机对多个被控参数进行巡回检测，将检测结果与设定值进行比较，再按 PID（比例、积分、微分）规律或直接数字控制方法进行控制运算，然后输出到执行机构对生产过程进行控制，使被控参数稳定在给定值上。

DDC 系统是计算机用于工业生产过程控制的最典型的一种系统，在热工、化工、机械、冶金等部门已获得广泛应用。DDC 系统使用微型机作为数字控制器，它不仅能完全取代模拟调节器，实现多回路的 PID 调节，而且不需要改变硬件，只改变程序就能有效地实现较复杂的控制，如前馈控制、非线性控制、自适应控制、最优控制等。因此，DDC 控制系统的优点是灵活性强、可靠性高。

③计算机监督系统。

上述的 DDC 系统是用计算机代替模拟调节器进行控制的，而在计算机监督系统中，则是由计算机按照描述生产过程的数学模型，计算出最佳给定值送给模拟调节器或者 DDC 计算机，最后由模拟调节器或 DDC 计算机控制生产过程，从而使生产过程处于最优工作情况。计算机监督系统也称为 SCC 系统，较 DDC 系统更接近不断变化的生产实际情况，它不仅可以进行给定值控制，同时还可以进行顺序控制、最优控制以及自适应控制等，它是操作指导控制系统和 DDC 系统的综合与发展。SCC 系统有两种不同的结构形式，一种是 SCC＋模拟调节器控制系统，另一种是 SCC＋DDC 系统。

第一，SCC＋模拟调节器控制系统。

在 SCC＋模拟调节器控制系统中，SCC 监督计算机的作用是收集检测信号及管理命令，然后按照一定的数学模型计算后，输出给定值到模拟调节器。此给定值在模拟调节器中与检测值进行比较，其偏差值经模拟调节器调节后输出到执行机构，以达到控制生产过程的目的。这样，系统就可以根据生产情况的变化，不断地改变给定值，以达到实现最优控制的目的。而没有 SCC 的模拟系统是不能及时根据检测信号改变给定值的。因此，这种系统特别适用于老企业的技术改造，既用上了原有的模拟调节器，又实现了最佳给定值控制。

第二，SCC＋DDC 控制系统。

SCC＋DDC 控制系统为两级计算机控制系统，一级为监督级 SCC，其作用与 SCC＋模拟调节器控制系统中的 SCC 一样，用来计算最佳给定值。直接式数字控制器（DDC）

用来比较给定值与测量值（数字量），其偏差由 DDC 进行数字控制计算，然后经 D/A 转换器和多路开关分别控制，各个执行机构进行调节。与 SCC＋模拟调节器控制系统相比，其控制规律可以改变，用起来更加灵活，而且一台 DDC 可以控制多个回路，提高了系统的工作效率，并且简化了系统。总之，SCC 系统比 DDC 系统有着更高的优越性，更加接近生产的实际情况。此外，当系统中模拟调节器或 DDC 控制器出了故障时，可用 SCC 系统代替调节器进行调节。因此，大大提高了系统的可靠性。

④分散控制系统。

过去，由于计算机价格高，复杂的生产过程控制系统往往采取集中控制方式，以便充分利用计算机。这种控制方式由于任务过于集中，一旦计算机出现故障，将会影响全局。价廉而功能完善的微型计算机的出现，使得由若干台微处理器或微型计算机分别承担部分任务成为可能。分散控制系统的特点是分散控制功能，用多台计算机分别执行不同的控制功能，用一台或两三台计算机进行统一的控制与管理，这样的计算机系统既能进行控制又能实现管理。因此计算机控制和管理的范围缩小了，使用灵活方便了，可靠性提高了。

第一，装置控制级（DDC 级）。

它对生产过程或单机进行直接控制，如进行 PID 控制或前馈控制，使所控制的生产过程在最优化的状态下工作。

第二，车间监督级（SCC 级）。

它根据工厂集中控制级下达的命令和装置控制级获得的生产过程的数据进行最优化控制。它还担负着车间内各工段间工作的协调任务及对 DDC 级进行监控的任务。

第三，工厂集中控制级。

它根据上级下达的任务和本厂情况，制订生产计划，安排本厂工作，进行人员调配及各车间的协调，并及时将 SCC 级和 DCC 级的情况向上级反映。

第四，企业管理级。

它负责制订长期发展计划、生产计划、销售计划，发布命令至各工厂、各部门发回来的信息，实行全企业的调度。

⑤现场总线控制系统。

现场总线控制系统（FCS），是新一代分布式控制系统，是由各种现场仪表通过互联与控制室内人机界面所组成的系统。FCS 是一个全分散、全数字化、全开放和具有可互操作性的生产过程自动控制系统，是 DCS 的继承和发展。以现场总线作为技术支撑的 FCS 在工业自动化领域有明显的优势，比如仪表的智能化、网络化，控制的分散化，易于维护和扩展，可以节约软硬件投资。近年来，由于现场总线的发展，智能传感器跟执行器也向数字化方向发展，用数字信号取代 4～20 mA 模拟信号，为现场总线的应用奠定了基础。现场总线被称为 21 世纪的工业控制网络标准。

当前流行的几种现场总线有：基金会现场总线、过程现场总线、局部操作网络、控制局域网络、可寻址远程传感器高速通道的开放通信协议。

（六）计算机控制系统的发展趋势

随着大规模及超大规模集成电路的发展，微型机的性价比越来越高，因此微型机得到了越来越广泛的应用，用微型机组成的各种控制系统也越来越多。微型计算机控制系统的发展趋势有如下几个方面：

①可编程逻辑控制器。

可编程逻辑控制器（PLC）是一种数字运算操作的电子系统，是专为在工业环境下应用而设计的。其内部存储了执行逻辑运算、顺序控制、定时、计数和算术运算等操作指令，并通过数字式和模拟式的输入或输出，控制各种类型的生产过程。随着电子技术及微型计算机技术的发展，PLC 得到了迅速的发展，并日臻完善。目前，PLC 广泛应用在冶金、机械、石化、轻纺等各个工业领域。它可以取代传统的继电器完成开关量的控制，如输入、输出，以及定时、计数等。输入信号可来自按钮、行程开关、无触点开关等，输出信号可用来驱动电磁阀、步进电动机等各种执行机构。此外，高档的 PLC 还可以和上位机一起构成复杂的控制系统，完成对温度、压力、流量、液位、成分等诸多参数的自动检测及过程调节和控制，如 DDC 和分布式控制系统。特别是它们与智能显示终端连起来可实现对各种画面的控制及组态功能，如动态流程图、报警画面、动态趋势画面及状态指示画面等。

②人工智能。

人工智能是指用计算机模拟人类大脑的逻辑判断功能，其中具有代表性的两个尖端领域是专家系统和机器人。所谓专家系统，即计算机专家咨询系统，是一个存储了大量专门知识的计算机程序系统。不同的专家系统将不同领域专家的知识，以适当的形式存放于计算机中。根据这些专家知识，专家系统可以对用户提出的问题作出判断和决策，以回答用户的咨询。在人工智能的应用中，处于尖端地位而且引起人们最广泛关注的莫过于机器人了。简单地说，机器人是一种能模拟人类智能和肢体动作的装置。据统计，当今世界上已有超过 10 万台机器人在不同的工作岗位上工作着。由于综合了人工智能及众多学科技术，因此机器人还具有重大的科学实验价值。目前已出现的机器人可以分为两类：工业机器人和智能机器人。工业机器人中常见的有遥控机器人、程序机器人和示教再现机器人。其中使用最多的是第三种，这是一种程序可变的自动机构，一般由计算机控制一只机械手，在人对机器人示教时，它就把机械手应完成的动作编成程序存起来，再启动后，便可按此程序再现示教动作。改变操作则要重新示教。工业机器人没有过多的智能，但它能准确、迅速、精力集中和不知疲倦地执行交给它的任务。最近几年来，人们又致力于给机器人配置各种智能设备，使其具有感知能力、推理能力、绘画能力等，结果出现了越来越机智灵敏的机器人。它们具有创造力和洞察力，能够观察环境，并根据不同的环境，采取相应的方法来完成自己的任务。组装机器人甚至可以组装一个小机器人，它先通过视觉，按照顺序安装各个零配件，并确定各个零配件将要装配的位置，然后一步一步地抓取所需要的零部件并精确地安装到位，最后完成整体任务。

③神经网络控制系统。

国外在 20 世纪 80 年代掀起神经网络控制系统的研究和应用热潮，我国在 20 世纪 90 年代也开始了这方面的研究。由于神经网络具有大规模的并行处理和分布式的信息存储，良好的自适应性、自组织性和很强的学习功能、联想功能及容错功能等特点，它的应用越来越广泛，其中一个重要的方面是智能控制，包含机器人控制。

第二章　计算机网络技术

第一节　计算机网络技术的发展

计算机网络已经成为人们日常生活必不可少的一部分,它不仅改变了人们的生活和工作方式,更对社会的整体发展有很大的推动作用。在目前的网络技术与通信技术快速发展的形势之下,计算机网络技术几乎遍布于社会各个领域。

计算机是 20 世纪人类最伟大的发明之一,它的产生标志着人类开始迈向一个崭新的信息社会,新的信息产业正以强劲的势头迅速崛起。随着现代科学技术的不断发展,计算机网络技术成为快速发展的热门技术,是推动一个国家科学发展的重要方面。

一、计算机网络的概念及分类

（一）计算机网络的概念

计算机网络是指以共享资源为目的,利用现代通信手段将地域上分散的多个独立的计算机系统、终端数据设备与中心服务器、控制系统连接起来,对网上信息进行开发、获取、传播、加工、再生和利用的综合设备体系。它是计算机技术和通信技术相结合的产物。

（二）计算机网络的分类

计算机网络根据其作用范围可划分为以下几种类型:

第一，局域网（LAN）。它是现阶段使用范围最广的一种计算机网络。局域网一般用微型计算机或工作站通过高速通信路线相连（速率通常在 10 Mbit/s 以上），但地理上则局限在较小的范围内。

第二，城域网（MAN）。它可以为一个或几个单位所拥有，也可以是一种公用设施，可用于多个局域网的互连。它的作用范围一般是一个城市，可跨越几个街区甚至整个城市，其作用距离约为 5～50 km。

第三，广域网（WAN）。它是互联网的核心部分，其任务是在长距离上（如跨越不同的国家）运送主机所发送的数据。其作用范围大，通常包括从几十至几千千米的距离，因而有时也被称为远程网。

按网络的使用者可划分为以下几种类型：

第一，公用网（public network），主要是指电信公司（国有或私有）出资建造的大型网络，也可以称为公众网。

第二，专用网（private network），主要是指某个部门为满足本单位的特殊业务工作的需要而建造的网络。

二、计算机网络技术的发展现状

人类在 21 世纪进入了计算机网络时代，计算机网络成了计算机行业较重要的一部分。由于局域网技术发展成熟，一系列光纤和高速网络技术、多媒体网络、智能网络得以出现，其发展为以 Internet 为代表的互联网。随着通信技术和计算机技术紧密结合和同步发展，我国的计算机网络技术也处于迅速发展之中，计算机网络技术充分实现了资源共享。人们可以不受限制、随时随地地访问和查询网络上的所有资源，这极大地提高了人们平时的工作效率，促进了人们工作、生活的自动化和简单化。现阶段中，计算机网络管理技术从网络管理范畴来看，主要可分为四类：第一类是对网络的管理，即针对交换机、路由器等主干网络进行的管理；第二类是对接入设备的管理，即对内部 PC、服务器、交换机等进行的管理；第三类是对行为的管理，即针对用户的使用行为进行的管理；第四类是对资产的管理，即统计互联网技术、软硬件的信息等。

三、计算机网络技术的前景分析

计算机网络技术大体的发展前景可概括为以下三个方面：

（一）发展应开放化和集成化

科学技术的发展使得人们对计算机网络技术的要求不断提升，在目前的发展背景下，计算机网络技术应实现集多种媒体应用和服务功能于一体，这样才能确保功能和服务的多元化。

（二）发展应高速化和移动化

快节奏的社会发展步伐使人们对网络传输的速度要求越来越高，因而无线网络的发展非常重要，为实现上网的便捷性，打破地域环境的限制，网络的高速化和移动化发展是很关键的。

（三）发展应人性化和自动化

计算机网络技术应满足人们在生活和工作中的需求，在今后坚持人性化和自动化的发展方向，能够促使相关应用更加简洁、高效。

随着当今社会的发展和计算机网络水平的不断提高，计算机网络技术的应用逐步增加，而现在计算机网络技术的发展也进入一个关键性时期，随着用户对网络技术的要求越来越高，网络安全问题也开始得到人们的重视，与此同时人们也开始担心网络的同一性问题,所以在今后的发展中我们应该更加重视计算机网络在标准性与安全性方面的改革,同时也需要培养更多专业人才支持计算机网络技术的发展。

第二节　人工智能与计算机网络技术

随着科学的不断进步,计算机技术与信息化技术已经被广泛地使用,智能化服务已经成为当前计算机技术与信息化技术创新的关键。就当前社会的发展现状来看,人工智能潜力巨大,在人们的日常生活中发挥着巨大的作用。

一、人工智能的优势分析

(一)人工智能具有模糊信息处理能力与协作能力

人工智能作为顺应时代的产物,不仅可以方便当前人类的生活,还具有预测未来的功能,这种预测功能虽然是通过运用模糊逻辑对事物进行推理来实现的,但是一般不需要特别准确的数据支持。因为计算机网络中存在大量的模糊信息等待开发,这些信息具有不确定性和不可知性,所以,对于这些信息的处理也存在很大的难度,而人工智能可以充分发挥这些信息的作用。将人工智能技术应用到计算机网络管理中,对于提升计算机网络的信息处理能力会有很大的帮助。

除了模糊信息处理能力,人工智能还具有协作能力。从当前的发展情况来看,计算机网络在规模上不断扩大,在结构上不断升级,这对于网络管理来说具有很大的难度,传统的"一刀切"模式已经不能有效满足当前的网络管理需求。因此,我们需要对网络进行分级式管理。对网络采用一级一级的方式进行监测,需要在网络管理过程中处理好上级与下级的关系，使二者有效协作。而人工智能技术能够利用协作分布思维来处理好这种协作关系，从而提高网络管理的协作能力。

（二）人工智能具有学习能力和处理非线性问题的能力

人工智能在计算机网络技术运用中具有很好的学习能力。网络作为虚拟的东西，其所具有的信息量以及概念都远远超出我们所能猜测的范围，很多信息与概念都还处在较低的层次，相对简单。这些信息对于人类社会发展来说，很可能都是重要的信息。往往高层次的内容都是通过对低层次内容的深入学习、解释和推理得到的。因此，高层次的内容往往是建立在低层次的信息之上的，而人工智能在处理这些低层次的信息方面表现出了很强的学习能力。

人工智能处理非线性问题的能力主要是通过人类正确处理非线性问题得到的，人工智能技术的发展使机器获得了像人类一样的智慧和能力，在解决非线性问题方面人类已经表现出明显优势，人工智能作为人类智慧的衍生物，在处理非线性问题时同样具有优势。

（三）人工智能的计算成本小

人工智能在运算过程中，可以将已经储存的数据循环使用，使资源的消耗最小化。人工智能主要通过算法处理数据，而且可以通过选择最优方案来完成计算任务，这样不仅节约了大量的时间，使网络高效运行，而且还能够节省很多计算资源。

二、人工智能应用在计算机网络技术中的必然性

随着计算机技术的蓬勃发展，如何使计算机网络安全有效运行成为人们研究的重点内容。作为网络管理系统应用的重要功能，网络监控与网络控制也是人们关注的焦点。而能否做好网络监控和网络控制，取决于能否及时获取和处理信息。计算机技术的发展已有很多年，人工智能在近些年才刚出现。由于早期的计算机网络数据出现不连续和不规则的情况，计算机很难从中分析出有效的数据内容，导致计算机技术发展缓慢，所以当前实现计算机网络技术的智能化发展对社会发展来说至关重要。

随着计算机技术在各行各业的应用，人们的网络安全意识增强，用户对网络安全管理的要求也逐渐提高，以便有效保障个人信息不受侵犯。人工智能可以自动收集信息，并根据收集的信息预测出计算机网络发展过程中存在的不利因素，从而有效帮助用户及时发现网络运行中存在的故障并采取有效的措施消除故障，保证计算机网络的安全有效运行。

计算机技术给人类带来了新的技术革命，人工智能作为计算机技术发展的产物，极大地促进了计算机技术的发展。当前计算机在处理数据、完善算法的过程中已经离不开人工智能的支持。人工智能能够有效处理不确定信息和及时追踪信息的动态变化，并将处理过的有效信息提供给用户，同时还具有高效的写作能力以及信息整合能力，从而提高工作者的工作效率。

三、人工智能在计算机网络技术中的应用分析

（一）人工智能与计算机网络安全管理

当前，网络安全管理仍然不是很高效，很多用户的信息依然存在较大的安全隐患，而人工智能的应用可以有效帮助用户保护个人信息安全。在实际操作过程中，人工智能

主要通过智能防火墙、入侵检测、智能反垃圾邮件系统三个方面实现网络安全管理的目标。

智能防火墙通过智能化识别技术对信息数据进行分析处理，不需要进行海量的计算，直接对网络行为的特征值进行发现和访问，在防止网络危害方面效果较好。而且智能防火墙可以有效防止黑客攻击，及时检测病毒以及木马，防止病毒的扩散，同时还可以有效对内部局域网进行监控。

入侵检测对于保护网络安全同样具有至关重要的作用。入侵检测可以将分析、分类、处理后的网络数据反馈给用户。入侵检测可以防止内部以及外部攻击，避免因操作失误造成的损失。

智能反垃圾邮件系统可以有效防止用户的邮箱受到侵害，保护用户的个人隐私。通过识别用户收到的邮件，系统可以对邮件进行分类，识别出垃圾邮件，仅将有效邮件发送给用户。

（二）人工智能代理技术

人工智能代理技术由知识域库、数据库、解释推理以及各代理之间通信部分形成的软件实体组成。每个代理的知识域库通过对新数据的处理，促使各代理之间沟通并完成任务。人工智能代理技术还可以对用户指定的信息进行搜索，然后将其发送到指定的位置上，使用户更高效地获取信息。

人工智能代理技术可以为客户提供更加人性化的服务，比如人工智能代理技术可以在用户查找信息的过程中，通过分析处理将有用的信息呈现给用户，用户通过对信息的筛选，选择适合自己的信息并加以使用，这样可以有效提高用户的工作效率。同时，人工智能代理技术还可以为用户提供日常所需服务，比如日程安排、网上购物以及邮件收发等，极大地方便了用户的生活。同时，人工智能代理技术还具有自主学习能力，使计算机进行自主更新。

（三）人工智能与网络系统管理及评价

人工智能的发展促进了网络管理系统的智能化发展，在建立网络综合管理系统的过程中，我们可以利用人工智能的专家知识库以及问题解决技术。因为网络环境具有高速运转、发展迅速等特点，网络管理过程中问题解决效率的提升，需要通过网络管理技术的智能化发展来实现。同时，人工智能技术还可以将专家知识库中各领域的问题、经验以及知识体系、解决方法总结出来，然后将其重新整合成新的智能程序。当来自不同领域的工作人员在使用计算机的过程中遇到各个领域的问题时，可以通过与专家库进行对比分析来解决，有利于实现计算机网络管理以及开展系统评价的工作。这种通过人工智能分析出来的专家意见具有一定的权威性，同时，人工智能还能及时针对行业的需求、各领域专家学者提供的最新建议以及经验对数据库进行更新处理，使网络系统管理以及评价系统顺应时代的发展。

在信息化与智能化不断发展的时代，计算机网络技术与智能化的完美融合可以有效帮助人们解决工作以及生活中的问题。面对不断发展的社会，人们对于计算机网络技术的应用需求越来越高，不仅要求能保障自身信息的安全，还要求能快速处理问题。因此，人工智能作为计算机网络技术发展过程中的产物不断得到推广，我们应该充分发掘其潜力，为计算机网络技术的发展作贡献。

第三节　计算机网络技术的广泛应用

一、计算机网络技术在信息系统中的应用

（一）计算机网络技术为构建信息系统提供了技术支持

计算机网络技术的发展程度在一定程度上决定了网络信息系统的完善程度。换句话说，计算机网络技术是网络信息系统建立的基础。

第一，为了保证信息系统的传输效率能够全面、快速提高，计算机网络技术为信息系统的构建提供了新的传输协议。

第二，为了保证信息系统的存储能力足够大，计算机网络技术不断进步与提升，形成了新的数据库技术，满足了信息系统构建所需要的存储条件。

第三，信息系统的建立目的就是让人们得到有实效的、自己所需要的信息。计算机网络技术为信息系统提供了新型的传输技术，保证了信息系统所传输信息的时效性和实用性。

（二）计算机网络技术加速了信息系统的发展

计算机网络技术不仅对信息系统的构建产生巨大作用，对于信息系统的后续发展也有着不可忽略的促进作用。计算机网络技术自身的不断进步和完善，也为信息系统的整体性建设和完善提供了源源不断的技术支持。计算机网络技术在这个过程中为信息系统的发展提供源源不断的动力，产生了不可忽视的拉动作用，加快了信息系统发展与进步的速度。

二、计算机网络技术在教育科研中的应用

近些年来，教育的改革不断深化，广受社会各界人士的关注。我们不仅要改革旧的教育方式，更要在教育中融入新技术，让教育做到与时俱进。跟上时代的发展步伐，也有利于开拓学生的眼界，让他们做一个全面发展的高素质人才。随着计算机网络技术的发展、教育与计算机网络技术的结合，这一切都不是难题。比如，远程教育技术和虚拟分析技术的研发和运用，提高了教育的质量和效率，提高了教育科研的整体水平。

（一）计算机网络为远程教育提供技术支持

计算机网络技术与教育科研的完美融合，加速了远程教育的到来，有效拓宽了教育的影响范围，促使教育发挥积极的作用。同时远程教育还起到了丰富教育手段的作用。远程教育这种教育形式有望在未来的教育体系中成为主流教育形式，以替代传统教学形式。计算机网络技术在构建远程教育体系中的应用，对教育体系的变革产生了巨大的、不可忽视的作用。

（二）虚拟分析技术的出现促进教育科研发展

随着社会发展和科技进步，我们更希望课本上的文字内容"活起来"，这样能够帮助学生更直观立体、更生动地"看见"课本内容，并加以理解和掌握。尤其是对于一些需要进行数据分析和实际操作的内容来说，"动起来"更是意义重大。在这种情况下，虚拟分析技术应运而生。计算机网络技术的发展为虚拟分析技术提供基础条件，能够有效促进教育科研的发展。

第四节 计算机网络技术
与区域经济发展

一、计算机网络技术给区域经济发展造成的影响

（一）能够帮助区域经济发展降低成本

计算机网络技术的应用成本主要包括三个重要方面，即信息传递成本、建设计算机网络的成本以及信息搜集和信息处理的成本。建设计算机网络的成本需要和信息传递成本区分开来。计算机网络在建设完成后能够无限使用，并且实际使用的时候也不限制使用的人数，这样能够更好地降低区域经济网络发展中的维护成本。以往的经济模式成本较高，要求获得高额的利润回报，整体经济发展的速度比较慢。通过计算机网络技术来发展区域经济，能够扩大区域经济发展的空间，降低成本，从而提高区域经济的利润。随着网络流量的增加，使用网络的人也在不断增加，但是网络建设的总成本基本不会增加，若是能够进行网络经营渠道的构建，那么后期只需要支付一定的费用来维护，不需要支付其他费用，并且这个费用承担者是所有的网民，这样能够很好地降低网络建设的成本，提高区域经济利润。

（二）累计增值会有明显的提高

通过计算机网络技术来进行区域经济的发展，对投资者来说，不但能够获得资金回报，还能够随着信息的不断积累和价值的提高获得增值性报酬。在使用计算机网络的过程中，投资者能够很好地进行信息的收集，并根据使用者的实际需要做好信息的整理和分析工作。而这些加工和整理之后的信息，便具备附加价值，不但能够帮助投资者满足人们的需要，还能够有效指导经济活动。随着计算机网络技术的不断发展，信息的传递

也会更加便捷，效率也会有明显的提高。所以，在使用计算机网络技术的时候，信息能够给投资者带来较多的增值性回报。

（三）能够确保市场竞争的公平性

随着科技的进步，计算机网络技术也得到了更好的发展和应用。利用计算机网络技术开展各项活动的优势也不断地凸显出来，并且计算机网络也给人们的经营提供了更多的帮助。在以往的实体店经营中，投资者需要在店铺经营和维护方面花费大量的资金。但是通过网络进行店铺的开设，仅仅需要投入较少的资金。并且在网络经营的过程中，可选择的产品也非常多，用户通过网络能够很快地找到自己感兴趣的产品。而在线下店铺中，很多产品种类不够全面。随着计算机网络技术的不断发展，人们不但能够通过网络进行店铺的开设，还能够更好地将自己的才艺展示出来，获得更多的流量收入。通过计算机网络技术，不同区域的经营者都站在同一个起点上，这样也能够让市场竞争更加公平。

二、区域经济发展中计算机网络技术的应用策略

（一）重视计算机网络技术的发展，培养人们的计算机网络意识

计算机网络技术的出现和发展转变了经济发展的方向，也推动了区域经济的发展。随着计算机网络技术的不断发展，其给区域经济造成的影响也会越来越大。计算机网络技术发展水平越高，给区域经济造成的影响也越大，区域经济增长速度也会不断加快。为了推动经济建设更好地进行，帮助区域经济实现增长目标，需要我们认识到计算机网络技术应用的重要性。我们必须根据社会经济发展情况来改革以往的经济模式，在优化软件系统的同时，适当地调整硬件设备及运行系统，如有必要，还需要调整网络结构。同时，我们还必须认识到，计算机网络技术本身便是一门新技术，其涉及的知识和技能

比较专业。所以，我们必须重视计算机网络技术的发展，帮助人们形成良好的计算机网络意识。

（二）进行计算机网络安全体系的构建

计算机网络安全对区域经济发展非常重要。所以，我们必须做好计算机网络安全体系的设计和规划工作。在进行设计和规划的时候，我们可以有意识地借鉴数字减影技术模式以及数据加密标准模式。比如数据加密标准模式在运行的时候，会随机产生不同密码组从而对数据获取的途径进行保护，同时实现数据信息的安全处理，切实提高数据传输的安全性，避免出现信息丢失或者被窃取的情况。构建计算机网络安全体系，可以从检测技术等方面出发来优化防护的手段，尽量选择不同技术手段来进行风险检测。在进行风险检测之后，还需要根据实际情况和实际需求找到应对措施，及时将各种入侵行为排除掉，只有这样网络才能够少出现异常的情况，网络本身的安全性能才会有较大的提高。

（三）优化计算机网络交互体系

在建设计算机网络交互体系的时候，为了在单位时间内提高数据信息交互的效率，软件的开发者需要提供一定的帮助，从计算机网络层面来进行优化，重视对防护手段的研究和探讨，将信息发送方和接收方的需求情况分析清楚，只有这样区域网络交互体系建设效率才能够提高，人们才能够在第一时间获得自己所需要的信息。在相关工作开展的时候，计算机网络交互体系的优化必须从结构出发，通过优化交互环境减少冗余时间。

（四）利用计算机网络技术改造和升级传统经济产业

我国当前很多企业本身的信息化水平比较低下，并没有真正地认识到计算机网络技术对企业和行业发展的重要性。这便要求政府相关部门将自己的作用发挥出来，引导我国不同区域的经济产业发展，督促其做好网络技术改造工作，切实提高产业竞争力，给区域经济发展奠定良好的基础。不同区域的传统经济产业也存在一定的不同之处，产业只有伴随着社会生产力的提高不断地升级，才能够将以往的物质生产转变为非物质的生产，不断地调整产业内部结构，降低对地理条件和自然环境的依赖程度。只有这样，区域经济才能够更好地转型和升级。计算机网络技术的发展很好地推动了我国区域经济的发展，也给国民经济的发展奠定了良好的基础，所以我们必须重视计算机网络技术的研发工作，为我国区域经济的发展提供帮助。

第三章　计算机仿真技术

第一节　计算机仿真技术的发展

随着社会的不断发展,我们渴望计算机能进一步改变人们的生活方式,为此对计算机技术进行不断研究。近年来,研究人员将计算机与其他领域的技术相结合创造出高仿真技术,解决了人类发展过程中遇到的一系列问题。

一、计算机仿真技术的概念及意义

早在 20 世纪中期,就有国家提出了发展仿真技术的构想,但是当时无论是生产力还是硬件设备都不足以支持仿真技术的发展。近年来,随着计算机技术的不断发展革新,我们已经初步具备了发展仿真技术的基础。为了进一步带动经济发展,推动人类进步,我们可以利用计算机与其他领域的高科技产物进行有效结合,以推动仿真技术发展。

(一)计算机仿真技术的概念

计算机仿真技术是利用计算机科学和技术的成果建立被仿真的系统模型,并在某些实验条件下对模型进行动态实验的一门综合性技术。计算机仿真技术可以使人类通过建模了解到现实中各类事情的发展进程及结果,还可以让人进入虚拟空间,获得身临其境的感受。

（二）发展仿真技术的意义

计算机仿真技术自提出以来，解决了人类发展过程中的一系列难题，优化了人类的局部生活环境，进一步推动了人类发展进程。现阶段计算机仿真技术已经逐渐成熟，为了使计算机仿真技术能够最大限度地为人类的发展提供动力，我们要进一步创新，寻找更适合计算机仿真技术发展的方向。仿真技术一经提出就引起了人们的高度关注，如果计算机仿真技术能够不断进行创新，无疑对人类发展有着巨大帮助。

二、计算机仿真技术的应用

在现代社会的发展进程中，计算机仿真技术的应用领域十分广泛，相关研究表明，在各个领域中，进行计算机仿真技术的应用实验，都可以有效推动这一领域的发展，并能解决其中存在的一系列问题。

（一）在工业领域中的应用

改革开放以来，我国工业制造水平有了显著提升，但是由于我国在工业领域与发达国家相比起步较晚，就目前而言，我国的工业水平还有较大的发展空间。随着计算机仿真技术的问世，我们可以利用这项技术解决更多工业制造中存在的问题。

相对来说，工业领域要求制造工艺精细、设备完善等，这就需要有较高水平的计算机仿真技术，利用这项技术，可以实现用计算机取代人类来进行工业生产。相对来说，计算机的精密程度更高，出错率也更小，可以有效地降低由人工操作造成的产品质量不合格或者产品生产周期太长的问题，在为生产企业增加收益的同时，带动我国工业水平的不断提高。

（二）在工程施工中的应用

随着国家建设力度的不断加大，我国的建设工程也朝着更高水平发展，但同时应注意到施工过程中存在着一系列不容忽视的安全问题。项目施工的安全问题一直备受关注，其不仅影响着企业收益、企业声誉，更关系着参与现场施工的工作人员的人身安全。在计算机仿真技术不断成熟的今天，为了有效减少工程施工中存在的安全问题，人们开始尝试利用这项技术为工程施工提供安全保障。

工程可视化就是通过计算机仿真技术结合现场施工环境模拟出工程现场的可视图。一般来说，工程的施工环境比较复杂，其中存在的问题比较多，没有办法在开始施工之前保证万无一失，这对于前期的图纸设计来说，也有着较大的阻碍。但是利用计算机仿真技术，可以有效解决这个问题。计算机仿真技术通过分析计算，可以对那些隐藏的环境进行观测，将工程数据直接转化为图形或图像，进行更加高效的建模，为工程施工提供保障。

（三）在消防科学领域中的应用

火灾作为公共灾害之一，危险系数极高，近年来我国各地也都出现了多场大面积火灾，每一次火灾都对人员、经济造成了相当大的损害。随着我国科技的不断进步，人们开始利用新型计算机仿真技术进行火灾防范，减少火灾带来的损失。

大多数火灾都是意料之外的安全事故，目前我们对火灾的了解还有所欠缺。为了实现对火灾的进一步了解，我们可以通过模拟火灾现场来分析火灾发生过程，利用计算机仿真技术，进行缩小比例的火灾仿真模拟，在较短的时间及较小的空间内模仿火灾发生过程。这样一来，不用大量的经费投入就可以直接观测到火灾的发生过程，这对于之后的防火灾措施有着重要的参考意义。

对于每一次火灾来说，其在爆发之前就有着安全隐患，但是由于种种原因，人们没有提前发现，导致酿成大祸。且在问题发生之后，对火灾发生原因也缺乏有效的调查手段，调查的结果不够细致。利用计算机仿真技术，可以采用三维反向追踪的办法进行火灾原因调查，模拟火灾发生的全过程，这样一来火灾事故调查过程就变得更加顺利，之后对火灾安全隐患的消除也有了更科学的依据。

消防器材作为消除火灾的最有力武器，其质量的可靠程度及技术好坏直接决定了消防人员的灭火效率。经过长时间的尝试及研究，科学家发现利用计算机仿真技术可以对现有的消防器材起到革新的作用，应充分发挥各种消防器材的作用，提高其防火灭火效率。只有对防火器材不断进行革新，才能提高救援效率，才能降低火灾带来的损失。

（四）在规划领域的应用

随着社会的不断发展，人们越来越重视规划的重要性，几乎所有领域要想保证可持续发展，都需要科学合理的发展规划。在这里以比较明显的城市建设来说明相关问题。

一个城市的建设往往需要进行合理规划，照顾到每一处细节，并且在规划时还要为长远发展考虑，为城市建设提供更合理的发展方向。在城市建设中，要考虑电缆及各种管道的铺设、各类建筑的建设、防灾害措施等众多复杂的基础建设工程。在我国传统的城市建设中，需要依靠专业的技术人员，对城市进行全面勘测，然后通过人力进行不断计算，才能保证城市发展规划的合理性，这种建设方式尽管付出了诸多努力及心血，但是人力计算难免存在误差，且在实际建设过程中也难以保证完全按照规划执行，所以说传统的城市建设规划方式经常会导致城市建设过程中出现一系列问题，导致城市建设达不到既定目标。

在计算机仿真技术逐渐成熟的今天，人们开始在城市建设中应用这类技术，把城市的综合信息及地理勘测数据传输到计算机上，这样就形成了一个城市沙盘，人们就可以直观地了解到这个城市的地貌、环境及综合信息，为城市规划提供基础帮助。除此之外，人们还可以利用计算机仿真技术进行模拟建设，通过模拟建设发现建设中存在的问题，并及时加以解决，这样就在很大程度上减少了实际建设过程中可能存在的问题，为城市建设节约成本，提高城市建设的合理性。

（五）在交通领域的应用

随着社会的不断发展及经济水平的提升，我国各种类型的交通工具数量都呈现出直线上升的态势，其中最明显的就是以汽车为主的交通工具。在交通工具数量不断增加的同时，随之而来的问题就是交通阻塞以及交通事故，这两个问题给出行人的安全及便利性都造成了较大的影响，相关部门也在积极改善此类问题。由于交通系统的复杂程度较高，在进行仿真模拟的过程中需要考虑的因素也就多，如行人、机动车、非机动车等，只有充分考虑，交通系统的安全性才能得到保障。在交通领域中运用计算机仿真技术，可以使整个交通系统变得可视化，便于让专业的工作人员发掘引发交通事故的诱因，如可以将道路具体情况、实时天气等因素的相关数据输入电脑中，利用实时联网技术模拟出比较贴合实际的交通运行情况，这样一来就可以有效减少交通事故，并且减少交通阻塞的现象，提高交通运行效率，为人们出行提供极大的便利。

（六）在医疗领域的应用

医疗技术一直以来备受人们关注，一项医疗技术的进步往往能引起世界的轰动。计算机仿真技术在医疗中大有作为，比如在我们常见的外科手术中，经常会遇到难以解决的问题，但是做手术的机会往往只有一次，不能把人体当成实验的标本，这个时候就可以利用计算机仿真技术结合病人的病情进行建模实验，通过实验找出最适合该病人的手术方式，为病人提供最优质的医疗方式。由此可见，在医疗领域，计算机仿真技术也有着非同寻常的优势。

三、计算机仿真技术的发展方向

（一）网络化

目前掌握的基础计算机仿真技术还没有完全实现网络化,这一点主要表现为通过该技术建立的模型难以通过网络进行传播和共享,很多时候由于网络达不到要求,出现难以兼容的问题。但是众所周知,互联网及计算机的核心内容就是共享及传播,所以说目前计算机仿真技术的最大优势还没有发挥出来。但是近年来互联网技术也在不断完善创新,5G(5th Generation Mobile Communication Technology,第五代移动通信技术)技术的出现就为计算机仿真技术创造了更为广阔的应用空间,我们应当积极发展互联网,为计算机仿真技术的发展打下更坚实的基础。

（二）虚拟制造

在刚开始提出计算机仿真技术时,虚拟制造就是核心发展方向,但是现在才初步实现利用计算机仿真技术进行建模,利用数据进行仿真推演,还没有实现虚拟制造技术。我们应当在虚拟建模的基础之上,利用建好的模型进行直接制造。这对工业技术来说将会是一场全面革新,只有掌握了虚拟制造的技术,才可以使工业制造水平上到一个全新的台阶。

（三）多维度仿真

预期的计算机仿真技术应当具有多维度仿真的作用,现阶段已经初步实现了视觉仿真技术,预计在未来可以利用这项技术实现嗅觉、听觉等多维度的仿真效果,以便计算机仿真技术可以应用到更多的领域中,最大限度地改善人们的生活,为人类提供更好的虚拟仿真体验。

第二节　半实物仿真技术

仿真是20世纪40年代末随着计算机技术的发展而逐步形成的一类试验研究的新兴方法。最初仿真主要应用于航空、航天、原子反应堆等少数领域。此后，计算机技术和信息科学的迅猛发展为仿真技术的应用提供了技术和物质基础。

随着系统理论、计算机技术、图形技术和建模技术的发展，仿真技术得到了快速发展。半实物仿真在各种仿真系统中的置信度最高，具有有效、可重复、经济、安全等诸多优点，受到军事和民用各部门的高度重视。半实物仿真也称硬件在回路中的仿真，是武器系统研制过程中必不可少的重要手段之一。半实物仿真是将部分产品实物引入仿真回路中的一种仿真技术，在半实物仿真过程中，部分半实物的数学模型精度较高或者难以用实物代替，可在计算机中运行其数学模型；将部分实物或物理模型直接引入仿真回路中，能提高仿真的置信水平。半实物仿真作为替代真实环境或设备的一种典型方法，不仅能提高仿真的可信性，也解决了以往存在于系统中的许多复杂建模难题，因此半实物仿真成了主要的发展方向。

以美国为代表的发达国家特别重视半实物仿真的应用，几乎各军兵种都建有种类齐全的半实物仿真实验室。半实物仿真被广泛应用于各个领域中，如航空、电工、化工、通信等领域，最为典型的是在武器装备研制领域，包括先进的红外成像制导、复合制导、卫星导航信号和雷达对抗等一大批半实物仿真系统。本节介绍了半实物仿真系统的概念、组成以及发展现状，并对其发展趋势进行了分析和总结。

一、半实物仿真技术介绍

半实物仿真是将数学模型与物理模型或实物模型相结合进行实验的过程。半实物仿真对系统中比较简单的部分或对其规律比较清楚的部分建立数学模型，并在计算机上来实现；对比较复杂的部分或对其规律尚不清楚的部分，则直接采用物理模型或实物。

一个仿真系统的建立是面向某个系统和问题的。仿真系统的组成取决于所研究的系统问题。

（一）仿真系统软件

仿真系统软件包括系统模型软件、通用软件、专用软件、数据库。系统模型软件一般由被仿真系统对象数学模型、仿真算法、系统运行流程等组成。通用软件包含计算机操作系统、编程语言、调试运行环境、图形界面开发程序、通用接口通信程序、数据采集与显示等。专用软件包含专用算法、专用接口通信程序。数据库包括数据库开发系统和建立的各种设备等。

（二）仿真系统硬件

仿真系统硬件可分为仿真计算机、接口、连接电缆、非标设备、信号产生与激励设备、数据采集与记录显示设备、通信指挥监控设备、能源动力系统、系统测试设备及各类辅助设备等。

（三）仿真系统的评估

仿真系统的评估又分为软件评估和硬件评估。软件评估包括评估方法、仿真程序、指标测试方法等；硬件主要是评估测试设备。仿真系统的评估内容主要包括仿真系统及分系统（设备）的指标测试评估，以测试系统的可信性、可靠性、安全性、可维护性等。

（四）仿真系统的校核、验证与确认

一般对建立的仿真系统进行评估之后，还要进行系统仿真试验设计与协调，确定仿真试验过程。通过大系统的仿真试验对仿真系统进行全面的考核，以确定仿真系统是否能满足系统仿真试验要求，是否能够达到系统仿真试验目的并具有足够的可信度。

二、半实物仿真系统研究现状

目前，常用的半实物仿真平台有 dSPACE 实时仿真系统、RT-LAB、xPC 等。

dSPACE 实时仿真系统是由德国 dSPACE 公司开发的一套基于 Matlab/Simulink 的控制系统开发及半实物仿真的软硬件工作平台，实现了和 Matlab/Simulink/RTW 的无缝链接。dSPACE 硬件系统中的处理器具有高速的计算能力，并配备了丰富的 I/O 支持，用户可以根据需要进行组合；软件环境的功能强大且使用方便，包括实现代码自动生成/下载和试验/调试的软件环境。这样，dSPACE 实时仿真系统可以实现快速控制原型，也可以实现半实物仿真。由于 dSPACE 实时仿真系统显著的优越性，其现已广泛应用于航空、航天、汽车、发动机、电力机车、机器人、驱动及工业控制等领域。

RT-LAB 是由加拿大 Opal-RT Technologies 推出的一套工业级的系统平台软件包和仿真器，也是一种全新的基于模型的工程设计测试应用平台。通过应用这种开放、可扩展的实时软件和硬件平台，工程师可以直接将利用 Matlab/Simulink 或者 MATRIXx/SystemBuild 建立的动态系统数学模型应用于实时仿真、控制、测试以及其他相关领域。但是，RT-LAB 是针对专用设备的，其运行在专用的实时操作系统中时，需要手动修改适用于 RT-LAB 编译的接口模块，软硬件平台的通用性不够好。

Matlab 是一种面向科学与工程计算的高级语言，它集科学计算、自动控制、信号处理、神经网络、图像处理等于一体，具有极高的编程效率。利用 Simulink 工具箱中丰富的函数库可以很方便地构建数学模型，并进行非实时的仿真。而 xPC 目标是 RTW 下的附加产品，是一种用于产品原型开发、测试和配置实时系统的 PC 机解决途径。为了提高系统实时仿真的能力，xPC 目标采用了宿主机—目标机的技术途径，两机通过网卡连接，以 TCP/IP 协议进行通信。宿主机采用 Simulink 建模并设置仿真参数，然后通过实时工作间与 VC 编译器对模型进行编译并下载可执行文件到目标机。

半实物仿真技术伴随着自动化武器系统的研制及计算机技术的发展而迅速发展，特别是由于导弹武器系统的实物试验代价昂贵，而半实物仿真技术能为导弹武器的研制试验提供最优的手段，使人类在不做任何实物飞行的条件下，对导弹全系统进行综合测试。美国、英国、法国、日本和俄罗斯等主要武器生产国非常重视半实物仿真技术的研究和应用。

随着建模与仿真方法的广泛应用，美军在 ATACMS、M982、BAT 子弹药、末敏弹等一系列陆军弹药导弹型号发展的过程中，逐步建立了隶属于陆军航空与导弹司令部和陆军试验与评估司令部的完备的制导系统半实物仿真体系，该体系涵盖了导弹系统从概念提出、演示验证、工程研制到批量生产、存储质量监控和延寿、故障分析以及作战性能分析等过程的全寿命周期。

目前，美国导弹武器系统的大型军工企业和各军兵种都建设并发展了自己完整、复杂和先进的仿真系统，而且也都投入了大量资金来建设导弹系统的仿真实验室，如著名的美国陆军导弹司令部在红石基地的高级仿真实验室。根据美国对"爱国者""罗兰特""针刺"三种型号的统计，采用仿真技术后，试验周期可缩短 30%～40%，节约实弹 43.6%。

国内对于半实物仿真技术的研究起步相对较晚，但发展较为迅速。银河高性能仿真系统 YH-AStar 是国防科技大学计算机学院继银河仿真Ⅰ型机、银河仿真Ⅱ型机、银河超级小型仿真机之后推出的第四代仿真机系列产品。它以一体化建模仿真软件 YHSIM 为核心，以通用计算机、Windows NT/2000 操作系统和专用 I/O 系统为基础，构成了可适用于不同规模的连续系统数学仿真和半实物仿真的，具有不同型号、不同档次的仿真机系列产品。银河高性能仿真系统 YH-AStar 在全国许多单位得到了成功的应用，为长征系列火箭、多种型号导弹的研制作出了贡献。

三、半实物仿真的发展趋势

（一）环境特性仿真技术

环境仿真包括动力学、电磁、水声、光学环境仿真，以及视觉、听觉、动感、力反馈等环境感知仿真以及虚拟战场环境的综合仿真。美军在环境仿真方面逐步建立了各种完善的数据库和模型库，用虚拟现实技术建立了虚拟仿真环境。美国国防部高级研究计划局已制订"综合环境计划"，正在研究用于平台级仿真的大气与海洋的数据系统，以满足分布交互仿真的需要。

（二）虚拟现实仿真技术

虚拟现实技术是一种高度逼真地模拟人在自然环境中视、听、动等行为的人机界面技术。它使仿真系统的人机交互方式虚拟化，人可以通过形体动作与其他仿真实体互动并产生沉浸感，从而真正成为仿真回路中的一部分。虚拟现实技术具有"沉浸"和"交互"两种基本特性。"沉浸"特性要求计算机所创造的三维虚拟环境能使"参与者"获得全身心置于虚拟世界的真实体验感。"交互"特性则要求"参与者"能通过使用专用设备，以自然的方式对虚拟环境中的实体进行交互考察和操作。随着国外虚拟现实技术的蓬勃发展，以及虚拟现实技术在分布交互仿真中的成功应用，虚拟仿真的概念及其应用已成为国内仿真界的热门话题。

（三）分布交互仿真

在 20 世纪 80 年代后期，人们根据在使用 SIMNET 仿真器过程中所积累的经验，认为在作战想定中应使敌方数量多于己方，于是在 SIMNET 仿真器的基础上发展了异构性网络互联的分布式交互仿真（distributed interactive simulations, DIS）。SIMNET 仿真器中的许多原则，如对象/事件结构、仿真节点的自治性、采用航位推测算法减少网络负载等，都成为今天 DIS 的基础。DIS 在美国的研究和发展很快，1992 年 3 月在第六届 DIS 研讨会上，美国陆军仿真训练装备司令部提出了 DIS 的结构，并着手制定 DIS 协议。

随着现代控制理论、数字计算机技术以及精密仪器制造技术等关键理论和技术的发展，半实物仿真平台向着高灵敏度、高精度、宽频响和更加易用的方向发展，以满足越来越复杂的仿真试验要求。半实物仿真作为仿真技术的重要代表之一，其经济效益和军事效益日益凸显，在武器系统研究、军事装备训练等重要方面有着举足轻重的作用。未来，半实物仿真将越来越智能化和综合化，且必将在工程领域发挥更大的作用。

第三节　建模与仿真技术

"仿真"一词最早出现于 20 世纪 50 年代，并与"计算机"一词共同使用，当时被称为计算机仿真。20 世纪 90 年代初，美国国防部将"计算机仿真"更新为"建模与仿真"，以强调建模的重要性。经过几十年的发展，仿真技术已经日渐成熟，并经常用于解决各个学科中比较复杂的问题。建模与仿真作为一种应用愈加广泛的技术，对社会经济及各行业的发展具有重要意义。

一、建模与仿真的概念

IEEE（Institute of Electrical and Electronics Engineers，电气与电子工程师协会）建模与仿真术语汇编标准将仿真定义为一种给定输入下表现为既定系统的模型。军事仿真术语中对仿真的定义如下：按时间实现一个模型的方法，习惯上特指运行模型以展现被表示系统特性时域变化的方法、过程或系统。军事仿真术语中对建模与仿真给出如下定义：建立模型并通过静态地域随时间的运行模型（包括仿真器、样机、模拟器、激励器）产生数据，以此支持训练、研究和管理或技术决策的活动。术语"建模""仿真"通常可交换使用。

二、建模与仿真的分类及其工具

（一）分类

建模与仿真技术大致可分为离散事件仿真、连续事件仿真、基于 Agent 的建模与仿真这三大类。

IEEE 建模与仿真术语汇编标准对离散事件仿真的定义如下：离散事件仿真是利用离散事件模型的仿真。而离散事件模型主要满足以下两个条件：首先，数学模型或者概念模型的输出变量只取离散的值，即从一个值变为另一个值，没有中间值。另外，系统模型是以离散行为运行的。连续事件仿真则与其相反，连续事件仿真是基于连续事件模型的，它的数学模型或者概念模型是以连续行为运行的，且输出变量的取值是连续的。Agent 意为主体，基于 Agent 的建模与仿真（agent based modeling and simulation, ABMS）起源于 20 世纪 60～90 年代的霍兰（John Holland）的生物学思想，其在后续著作中将 ABMS 深化为复杂适应性系统理论。基于多 Agent 的建模与仿真通过计算机技术，在多主体仿真平台上模拟出复杂适应系统的演化方程，给系统的研究提供了直观的实现方式。

（二）工具

随着建模与仿真技术的发展，相应的仿真工具应运而生。根据研究的对象系统的不同，需要选择的仿真软件也不同。下面对已有的仿真软件进行了整理，可供仿真人员选择和参考。

1.AutoMod

AutoMod 是一款 3D 仿真软件，适用于离散事件系统，需要仿真人员具有一定的编程基础。主要应用行业为钢铁与铝材、航空航天、汽车、仓储与配送、制造、机场/行李处理、运输、半导体、物流、包裹与信件处理等。

2.Extend

Extend 支持 2D/3D，是一款比较容易上手的软件，支持连续事件系统的仿真。主要应用行业有：钢铁物流运输调度、供应链库存管理、港口运输、生产设备效能分析、生产线效率优化等。

3.AnyLogic

AnyLogic 操作界面简单明了，自带标准库、行人库、轨道库、物料搬运库，支持自行设计，支持连续事件仿真，主要应用行业为供应链、交通运输、仓储运作、铁路物流、矿业、石油和天然气、道路交通、客运枢纽、生产制造、医疗等。

4.Flexsim

Flexsim 直观易学，二次开发需要编程基础，适用于离散事件仿真，主要应用行业为制造业、物流业、交通运输、汽车、烟草、港口等。

除上述几款仿真软件外，还有 Demo3D、Witness、eM-Plant、Arena、RaLC 等，仿真人员需要根据对象系统的不同，选择合适的仿真软件，这样才能事半功倍。

三、建模与仿真的发展趋势

（一）数据驱动的仿真

20世纪80年代，弗雷德里卡（Frederica Darema）博士通过仿真以及测量技术在石油开采的辐射计算中最早产生了基于动态数据驱动的应用系统（dynamic data driven application system, DDDAS）思想。随着大数据的快速发展，应用DDDAS思想的仿真将成为未来仿真发展的一大趋势。

许正昊等学者在研究DDDAS时，总结了DDDAS仿真的几大优势。DDDAS仿真的精度更高，这是其相较于传统仿真的一大优势，对于一些复杂的、参数较多的非线性系统，DDDAS仿真能够提高仿真的精度，进而提升仿真的分析与预测能力；DDDAS的范围更广，一是时间范围，能够实时控制，二是涉及多种学科；DDDAS仿真的结构不同于传统仿真的开环结构，DDDAS仿真将仿真系统和真实系统连接成一个闭环系统，真实系统与仿真系统之间相互影响，能够动态控制真实系统。

DDDAS仿真符合仿真的发展方向的应用需求，在非线性的、复杂的动态系统中有很广阔的应用前景。

（二）混合仿真

IEEE建模与仿真术语汇编标准对混合仿真的定义如下：一种部分设计在仿真系统上执行，另一部分设计在数字系统上执行，两部分之间的交互可以在执行期间发生的仿真。在混合仿真中，关键问题是对两类不同的计算机合理地分配任务和恰当地选择帧速。

任务的分配主要取决于任务的性质和对精度、速度的要求。帧速的选择原则是：①根据采样定理，包含干扰在内的信号最高有效频率必须小于采样频率的一半；②由于时间延迟和零阶保持造成的幅度和相位误差必须限制在允许范围之内；③数值计算的截断误差对被仿真的系统来说应减小到可以忽略的程度。混合仿真方法在航天、航空、核能、电力、化工等复杂的动力学系统仿真中获得广泛的应用。它比模拟仿真具有更高的精度，比数字仿真具有更高的速度；不仅可实现实时仿真，而且可以完成超实时仿真。混合仿真方法主要用于实现数字控制系统混合仿真、连续系统参数寻优和连续系统混合仿真。

（三）数字孪生

2002 年，美国学者格里夫斯（Michael Grieves）首次提出"PLM 的概念畅想"，之后提出"镜像空间模型""信息镜像模型"，并在《智能制造之虚拟完美模型：驱动创新与精益产品》中提出数字孪生的概念。我国学者林雪萍在研究数字孪生时提出数字孪生是现实世界中物理实体的配对虚拟体（映射）。数字孪生是基于高保真的三维 CAD（computer aided design，计算机辅助设计）模型，它被赋予了各种属性和功能定义，包括材料、感知系统、机器运动机理等。它一般储存在图形数据库，而不是关系型数据库中。最值得期待的是，数字孪生也许可能取代昂贵的原型。因为它在前期就可以识别异常功能，从而在尚未生产的时候，就可以消除产品缺陷。

第四节　通信网络中的计算机仿真技术

伴随科学技术的日趋成熟，计算机仿真技术也在普通生活中被广泛使用。所谓计算机仿真技术就是指在实体尚不存在，或者在不易对实体进行测试的情况下，先对试验对象进行建模，用数学方程式表达出其主要物理特征，并利用计算机进行编程，考察主要参数的变化以达到更好地了解考察对象的目的。

一、通信网络计算机仿真技术的发展趋势

通信网络计算机仿真技术的发展与电子计算机的发明和应用联系紧密，其最早出现在 20 世纪 50 年代初，美国人亚伦（Aaron Swartz）利用大型的电子管计算机，用最小二乘法进行滤波器的线性网络设计，这被认为是计算机仿真技术的开端。但是就现在的观点来看，迄今为止，计算机仿真技术大致经历了三个发展阶段。

第一阶段是计算机语言。计算机语言大约出现在 20 世纪六七十年代，以 FORTRAN（FORmula TRANslator，公式翻译器）、BASIC（Beginners'All-purpose Symbolic Instruction Code，初学者通用符号指令代码）、汇编语言为突出代表，这一阶段的通信网络计算机仿真技术发展较为缓慢，其主要原因是编程会占用大量的时间，难以迅速建模。第二阶段是通用仿真语言。随着 GPSS（general process simulation system，一般程序模拟系统）、SLAM（simultaneous localization and mapping，即时定位与地图构建）等技术的出现，通信网络计算机仿真技术有了新的发展，通用仿真语言能够较为迅速准确地进行仿真，这就使得编程的速度和建模的速度都有了很大的提升。第三阶段是计算机仿真技术的仿真语言。通信网络计算机仿真技术在 20 世纪 80 年代兴起并被迅速推广开来，这一阶段最为突出的特点是出现了专门用于通信网络计算机仿真技术的仿真语言和软件包。专门的仿真语言和软件包大大促进了通信网络计算机仿真技术的发展，节约了大量的编程时间。

二、通信网络计算机仿真研究的目标和内容

（一）研究的目标

通信网络计算机仿真研究最重要的目标是在不同准则下实现网络的最优化，最大限度地优化设备的配置，寻求最低的网络费用、最好的网络路径。其不再局限于基础网络的使用，而是在电话网、数据网、局域网的使用上有所突破，使得通信网络计算机仿真技术更好地为人们的工作和生活提供服务。

（二）研究的内容

说到通信网络计算机仿真技术的研究内容，就不得不提到计算机仿真技术在军事中的运用，仿真技术对于现代军事影响巨大：大大降低了成本，比如驾驶模拟器可以降低战机和战车的燃油使用量和整体机身损耗；能够缩短研制武器、装备的周期；达到一些实兵演习难以实现的效果。

但是通信网络计算机仿真研究的内容远不局限于此。首先，通信网络计算机仿真技术研究包含系统理论的研究，这是计算机仿真技术发展的基础所在，通信网络基础理论提升了计算机仿真技术在运用时的可靠性。其次，仿真参数与基础模型的建立与研究是计算机仿真研究的重要内容。

三、通信网络专用仿真软件的选择

（一）通信网络仿真软件的要求

便捷快速的通信网络仿真软件技术的存在离不开对通信网络仿真软件的选择，这就意味着，通信网络仿真软件应该满足多种要求才能适应通信网络仿真技术的发展。首先，

通信网络仿真软件要求中最为重要的便是对软件建模性能的要求,建模应该具有很高的灵活性,能够适应多种类型、多种模式的通信网络。且模型的运行速度要与网络相匹配甚至略高于通信网络速度。其次,通信网络仿真技术要能符合用户的多种需求,最大限度地减少用户的建模与编程工作量,要优化节点、链路等以达到最好的使用效果。这就需要将嵌入式模板库录入通信网络仿真软件中。最后,通信网络仿真软件还需要能够随机分辨信号源以及对信号源进行统计;能够输出多种形式的报告、统计数据和使用清单等;能够有较好的售后服务,如软件的版本升级服务、较为详尽的用户使用指南、较为贴心的用户反馈服务。

(二)仿真软件的分类

仿真软件大体可以分为仿真语言、仿真程序包、仿真软件系统三大类。但是在某些情况下其又可以细分为通用离散事件仿真语言以及面向通信的仿真语言。通用离散事件仿真语言的应用较为广泛,其不仅可以用于基础通信网络,而且可以用于制造业、军事领域中,这主要是因为通用离散事件仿真语言能够建立任何通信的模型,这大大减少了使用者的编程工作量,提高了其工作效率。但是,它也存在着较大的缺陷,就是在使用时需要一定的编程知识,普通人难以迅速掌握。面向通信的仿真语言仍然难以摆脱需要编程的缺点,但是相较于通用离散事件仿真语言有了新的突破,如模型面向整个通信系统,这将大大节省编程的时间与工作强度。

(三)常用的仿真软件

网络仿真器(BONeS)、COMNET、OPNET 是较为常用的仿真软件。就网络仿真器来说,其具有较为全面的功能,能够面向图像形成仿真语言,能够构建通信网络模型。而 COMNET 则在分组交换网、仿真电路交换网方面有着较高成就,它是由美国 CACI PRODUCTS 公司研发的,能够让用户修改其自带的现有目标以及提出未来目标,满足一些用户的特殊建模要求。

通信网络计算机仿真技术在 20 世纪 80 年代引入我国，到现在已经取得重大的突破。但是客观来讲，我国的仿真技术与外国还存在着一定的差距，这就需要我国的计算机研究者不断研发新的仿真软件包，对现有仿真软件进行优化和创新，同时善于吸收先进的经验，进而促进我国网络计算机仿真技术的更快发展，更好地服务于人们的生活，推动科技的发展。

第五节　计算机仿真结构的工程方法论

人们认识、利用和改造自然的过程通常伴随着操作与干预的能动过程。其中，有一些系统如处于设计阶段的工程、未定型的产品等无法直接进行观察、实验和分析。因此，出现了用抽象模型来代替真实系统进行实验的方法。这种方法基于从真实空间向虚拟空间的映射，通过对对象进行简化抽象的实验来研究一个存在或设计中的系统，由此诞生了一门新的学科——仿真学。随着计算机技术的快速发展和广泛应用，仿真技术与高性能计算机技术相结合，计算机仿真便应运而生。

概略地讲，计算机仿真是指在计算机上建立某一现存或虚拟系统的模型，对该系统的结构和行为进行动态模拟，从中得到所需信息，进而为决策过程提供依据的研究方法。它具有三个基本要素：系统、系统模型和计算机，联系这三个要素的基本活动是模型建立、仿真模型建立和仿真试验。这种方法用于分析和研究目标系统运动行为、揭示系统动态过程和运动规律，已经广泛运用于工程和非工程领域之中，并取得了巨大成功。

近年来，我国工程哲学研究得到快速发展，经历"工程–技术–科学"三元论、工程演化论和工程本体论三个阶段后，已深度拓展到工程方法论研究领域，并成为当前研究的热点问题。然而，作为工程实践领域重要的方法支撑之一的计算机仿真，当前对其的研究更多地指向具体的工程实践，而对方法论层面的计算机仿真实践过程的一般性抽象、提炼几乎没有。为此，本节试图对工程中计算机仿真活动展开过程的实践结构、行动者网络结构及其角色定位，以及基本的实践原则进行分析，以期从工程哲学方法论层面解析工程中的计算机仿真结构。需要特别说明的是，考虑到计算机仿真在工程中的应用及其价值已广为大众所熟悉，本节不再赘述。

一、工程中计算机仿真实践的逻辑结构

在科学研究领域，计算机仿真得到了广泛应用。因此，有学者把计算机仿真（或实验）称为人类继思想实验、实物实验之后的第三种科学实验，并给出了计算机仿真的一般过程，即从实际系统出发，构建数学模型，而后将数学模型转化为仿真模型，进行仿真实验后，对仿真结果进行分析，最终将仿真结果反馈在实际系统中。科学家借助计算机仿真从事科学研究活动，以便在真实的计算机上进行可重复的受控实验，也即进行大量的"假定-推测"实验。建构这种实验的过程，是科学家对研究对象抽象提炼的过程。这个过程的主导者，主要是科学家本人或者相关领域的科学家群体。群体成员的专业结构往往呈现出同质性，或者呈现出同质性大于异质性的特点。科学中的仿真实验往往由专门人员承担，其本人也往往是这个领域的研究者。因此，仿真过程中科学家围绕具体科学问题进行交流，几乎不存在专业领域知识的障碍。

工程活动与科学活动是两种不同类型的社会实践活动，科学活动是以探索发现为核心的，工程活动是以集成建构为核心的。我们认为工程实践中的计算机仿真活动的核心是为构建新的存在物提供决策论证支持。一般性工程方法论中的计算机仿真，具有"三个世界"的分类属性，分别对应着工程系统、数学模型和计算机仿真模型。然

而，它与科学领域中的计算机仿真活动有着显著区别。这首先是由工程活动的本质所决定的。集成建构意味着工程所涉及的人员、知识、对象等诸多要素十分复杂，其建造过程本质上是一个权衡妥协的社会化过程，涉及人与自然的妥协、人与人的妥协。对于工程中的计算机仿真活动，一方面，仿真所需知识具有综合性、集成性，工程决策者和工程所涉及的诸领域专业人员需要互相配合；另一方面，计算机仿真自身具有专业性，往往需要专业人员来进行。因此，工程中的计算机仿真活动自始至终充斥着以仿真工程师为中心的与工程决策者和其他提供工程相关领域知识的人员密切交互的社会化过程。由此可以看出，工程中的计算机仿真过程，是仿真工程师理解工程意图、确定仿真目标、提出领域知识需求、识别提炼知识、建构模型、进行仿真实验的迭代进化过程，直至满足工程对仿真提出的需求。因此，这种仿真活动是科学因素、社会因素共同作用的结果。

工程活动的每个阶段都涉及工程决策和决策的贯彻，还可能涉及各种调整变更。每个阶段都有工程实践固有的活动目标。理论上讲，计算机仿真可以为每一阶段的活动提供服务。在仿真实践中，主要存在两大类型的交互。一方面，聚焦工程活动目标，仿真工程师与工程决策者、相关领域工程师等"用户"进行交互，形成比较清晰的仿真需求描述，为展开仿真活动奠定基础。聚焦需求主导下的仿真目标，仿真工程师依托计算世界中的各种平台、工具等，展开实质上的建模和实验活动。这类交互以概念模型为中心，通过"概念模型-数学模型-仿真模型"内部循环，迭代推进仿真实验，最终形成可面向用户的仿真结果。另一方面，依托仿真结果，仿真工程师与"用户"再次进行交互，如此循环往复，直至仿真活动满足工程实践需求。交互的过程，是围绕工程目标进行的两个环路的迭代演化过程。

在具体工程活动目标的主导下，仿真实践起始于从目标到需求的转译活动。工程目标指向的是工程中某个阶段需要达成的具体预期，而需求体现的是计算机仿真能为工程活动目标提供的支持，二者并非一回事。需求描述是对仿真问题的恰当说明和回答，这是计算机仿真的逻辑起点。需求描述是建构概念模型的基础，概念模型是建构数学模型的直接依据，数学模型主要解决的是数学化的表达问题。在此基础上，运用合适的编程语言和具体的仿真工具即可完成计算机仿真模型的构建，此后进入仿真实验和实验结果分析运用环节。

就像仿真实践起始于从目标到需求的转译，仿真活动起始于从仿真工程师产出仿真结果到仿真结果面向用户需求的转译。对于仿真工程师而言，他所期望的结果往往是以原初数据或简明的形式化方式呈现出来的，但不影响其对数据的解读。譬如，对交通网络结构的仿真，仿真工程师往往只要抽象出其拓扑关系即可，并凭借其经验、技术等比较自然地完成从拓扑关系到实际交通网络的映射。然而，对于大多数"用户"而言，通常需要借助可视化的方式来辅助理解仿真结果。普通用户若看到交通网络数学形式的拓扑结构，是很难想象如何将其投射到真实的交通网络上的。此时，仿真工程师应按照不同的用户需求，对仿真结果进行形象化、可视化、相似化的表达，以便为决策论证或说服沟通提供服务。仿真结果得到用户的接受和信任，往往意味着仿真活动的终结。

二、工程中计算机仿真"网络"的行动者分析

上文所述的逻辑结构，只是给出了工程中计算机仿真的一般性的实践结构。然而，这种分析还不能充分表达工程活动与科学活动等其他活动的本质性区别。工程活动是面向实践的，要解决的是实践问题，处处存在人的力量、物质力量的冲撞。法国学术大师拉图尔（Bruno Latour）认为，应该把科学（包括技术和社会）看作一个人类的力量和非人类（物质）的力量共同作用的领域。如果把仿真整个实践结构看成一个动态的网络，在网络中工程师群体等人类的力量与仿真工具等非人类的力量相互交织，共同演化直至仿真实践活动终结。

在分析仿真行动者网络理论时，我们倾向于采取后人类主义而非绝对的人类中心主义思考范式，认为在计算机仿真实践活动中，人与非人存在一种"合作"。换言之，在仿真实践过程中，人对仿真工具（即物质力量）的规训并不是能够轻而易举规避或操纵的，其实也未必需要规避。工具规训的存在恰恰是工具本身的价值所在。

（一）行动者网络结构

计算机仿真行动者网络涉及人与非人，通过信息（工程活动目标对计算机仿真提出的需求）为纽带，把两类行动者连接成一个动态的网络。网络结构可分为两个环路，一个环路主要由计算机仿真工程师，以及工程决策者、相关领域工程师、工程本身的利益相关者组成；另一个环路主要由模型、仿真语言和工具、计算机、数据等非人行动者组成。仿真工程师是连接环路的枢纽性节点。

（二）行动者网络中的"人"

1.仿真工程师

对于直接进行计算机仿真活动的工程师而言，其是整个仿真网络的关键节点。仿真工程师不仅要理解工程的意图，架起与工程决策者、其他领域工程人员沟通的桥梁；还应扮演起"中介"的角色，架起从物质世界到数学世界和计算世界的桥梁，并完成全部过程的操作。

2.工程决策者、领域工程师

工程决策者、领域工程师是工程意图的传递者、工程专门领域知识的提供者、仿真结果的接收者。正确传递工程意图，帮助计算机仿真工程师理解工程，是这类行动者需要完成的工作。以笔者多年参加有关工程活动组织管理工作的实践看，计算机仿真活动十分容易演变成仿真人员的"独角戏"。原因大抵有两个，一是专业领域知识日益精细，即仿真活动的跨学科性越来越突出，使得相互沟通的门槛和成本剧增；二是对仿真活动本质理解不够。仿真的起点，在于对仿真对象的理解和认识，而仿真人员又往往过于关注仿真的过程。

3.工程活动其他相关者

这主要指的是工程建造过程中的利益相关者、工程实施和管理过程中的工程实践参与者，是仿真结果的接收者，有时也是仿真需求的提供方。这类人员大多被动参与仿真活动，但又具有能动性。仿真结果的表达，譬如工程活动的建造流程演示、空间布局等信息的传递，若不考虑受众实际情况，就难以起到预期的论证和说服作用。此时看似被动的行动者，往往成了接受并理解仿真结果的能动者。

（三）行动者网络中的"非人"

1.模型

工程系统分析中通常通过建立相应的结构模型、数学模型或仿真模型等来规范分析各种备选方案。计算机仿真过程中的关键步骤是建模。模型是仿真的基础。建模是对实体、自然环境、人的行为的抽象描述。从对计算机仿真的逻辑结构分析中可以看出，模型的构建过程存在三次转译：①从工程目标出发到需求描述进而建立概念模型；②从概念模型到数学模型；③从数学模型到计算机仿真模型。每一次的转译，既是抽象、简化的过程，又往往伴随着逐步失真的过程，也是一个不断消除和增加信息"噪声"的过程。因此，保证模型与真实系统的一致性，是模型构建的关键。实践中，模型的构建和确定并非一蹴而就的，存在一个校验调整、迭代进化的过程。

2.仿真软件（工具）

这是计算机仿真技术专业化的基本标志。仿真软件的发明使得仿真人员与计算机之间的交互更加便捷。从20世纪50年代的汇编语言开始，仿真软件得到了快速发展，从而使得仿真技术在各个领域的扩散和运用成为可能。从一定程度上讲，仿真软件使得数学模型甚至计算机仿真模型成为"黑箱"性质的工具，大大简化了模型的构建过程。其至仿真工程师未必需要完全了解仿真软件的内部运行机理,而只需将其作为一种功能性的工具,基于此工具展开特定对象和任务的建模仿真工作。这类仿真工具,已成为一个封装好的"黑箱"。在非人行动者中,仿真软件(工具)是最具有能动性的一类行动者。这种能动性对于仿真工具的发明者而言一般是可控的,用海德格尔(Martin Heidegger)的话说是"上手"之物。然而,对于广大用户而言,仿真工具的能动性是内生的,即工具本身具有"自组织"属性,被赋予了一定的参数,能够通过自动计算生成仿真数据。在这个意义上,用户要驾驭仿真工具,往往会经历一个从"在手"到"上手"的过程。因此,仿真工具的"黑箱"性质对于仿真人员而言未必是"福音",使仿真工具"白箱"化才能更好地理解仿真、操作仿真。仿真工具的选取使用,是仿真实践活动中不可回避的问题。一方面,对其的选择与工程活动对象的属性直接相关;另一方面,也与仿真工程师的专业背景和习惯偏好密切相关。

3.数据

数据是"仿真大厦"的地基。我们应从两个层面来看待数据:①计算机仿真模型构建和运行需要的基础性数据。如果认为模型与目标实体的一致性或相似性是结构化的、外化的,那么基础数据与目标实体的一致性往往是事物运行的如实反映。譬如,仿真一个大型桥梁的结构,模型要反映桥梁的真实结构和空间环境,而模型涉及诸如构件的材质、大小、相互之间的应力等基础数据时,则要如实反映材料力学的法则定律。基础数据的可靠性尤为关键。②仿真运行后的数据。这类数据的焦点不在于是否可靠,而在于对其如何分析或者以什么眼光审视。既要关注数据之间的因果关系、关联关系,也要关注数据的可视化显示问题。

4.计算机

这是仿真运行的平台,是人与非人交互的界面。一般而言,计算机本身最容易"具身化",成为"上手"之物。但是,对于一些大型复杂工程系统的仿真,常规的计算机无法满足性能需求,需要借助高性能计算机甚至是计算机集群。此时,计算机往往成为仿真活动展开及实现活动结果可靠、安全的重要影响因子,因而我们应关注其运行状态。

三、工程中计算机仿真实践的基本原则

工程中的计算机仿真实践有其固有的规律。推进这项"虚拟化"的工程实践活动,在遵循学科层面的计算机仿真方法要求的基础上,还应针对工程实践领域的特殊需求,把握其实践的基本原则,我们认为尤要关注以下三个原则。

(一)仿真目标的有限性及对其的权衡

工程活动作为复杂的社会过程,涉及多元异质的变量,其目标的确定是对工期、投入、物质条件、技术状况、人员等诸要素的权衡。计算机仿真是工程诸活动的组成之一,仿真目标的确定,一方面受工程活动特性和具体工程目标的限制,另一方面又受仿真技术自身的限制。因此其目标是有限的。尽管计算机仿真为解决工程实践的不确定性问题提供了一种手段,但并没有完全终结这种实践活动的不确定性。同时,计算机仿真还带来了另外一种不确定性,即计算机仿真本身的不确定性。仿真的过程,是对目标实体的抽象简化过程,与目标实体客观存在还原或映射关系。这种映射,是否逼真或可信,又取决于人们对事物本身的认识。换句话说,解决了计算机仿真本身带来的问题,并不能一劳永逸地解决工程实践中的某些不确定性问题,因为后者总是处于变动的环境之中。因此,仿真目标的这种有限性,导致了仿真结果运用价值的有限性,工程人员既不应对其盲目推崇、全盘接收,也不应消极对待、不置可否,而应从工程建设全局需要出发,综合权衡工程活动目标和计算机仿真实现的可能性。

(二)工程建设规范与计算机仿真专业规范的有机统一

工程中的计算机仿真活动,本质上属于工程活动范畴。工程有工程的建设标准与规

范，比如追求安全性。各具体建设领域也还有其行业标准。因此，工程实践中的计算机仿真，包括对仿真目标的确立、仿真结果的校验和使用等在内的流程，都必须经受工程建设的标准约束，遵守工程建设规范。同时，计算机仿真作为一门专业化的学科、一项专业性强的实践活动，还应遵循自身的专业规范，比如校核、验证与确认标准等。也有学者从实践层面提出简单、清晰、无偏见和易操作的仿真模型建构规范。由此，工程中的计算机仿真实践规范，既有别于一般性的工程建设规范，又要超越其自身的专业规范，应做到二者的有机统一，从而为仿真实践价值的最大化提供保证。

（三）仿真实践进程的全程协同

在自然科学领域中的计算机仿真，主要是由科学家群体自身来进行的，仿真就是展开科学研究的过程和工具，因此在一定程度上消弭了跨专业领域间的"鸿沟"。然而，工程中的计算机仿真，同工程活动一般，是一个社会化的过程，在一个充满变数的实践情境下，处处都有跨专业、跨领域的协调沟通。正如前文分析的仿真行动者网络中"人"的因素一样，参与仿真活动的多元主体需要全程沟通、通力协作，否则，仿真活动就难以有效展开。为此，在推进计算机仿真实践的过程中，工程共同体不同专业领域的人员，需聚焦于工程活动目标，坚持全过程、跨领域的无缝对接、协同作战。

工程实践过程，是工程活动诸要素合作与妥协的过程，处处存在冲撞。计算机仿真为消除这种冲撞提供了一种选择，同时其本身也是建模过程的冲撞。这种过程性的冲撞，是否符合预期并为工程实践提供有效支撑，主要在于仿真过程中各种因素之间的关系。为此，应超越计算机仿真专业领域的视角，基于工程活动从一般性层面来理解工程中的计算机仿真实践。

第四章 计算机视觉技术

第一节 计算机视觉技术的图像识别

对于电子设备来说,在识别图像过程中,其作用原理和生物视觉读取原理是相似的,整个操作过程也是相似的。一般包括以下几个步骤:①利用传感器将外界信息整合起来;②利用传感器、变送器对整合的信息进行预处理分析,然后通过运输模块对图像特征实施判定,并且在控制模块的作用下对全部信息实施评估与转化,然后完成存储过程。

一、信息的收集

视觉测量传感仪能够将事物的形状、颜色、亮度、对比度、规格等转换成电信号,便于构建测量模块。一般来说,我们看到的图像,通过显示屏幕放大,就能看出是由无数个颗粒组合而成的。不同的颗粒之间具有比较小的间隙,一般通过肉眼是不能分辨的,所以我们眼中的图像是持续的。显示屏利用不同的 LED(light-emitting diode,发光二极管)使颜色、明暗度等信号进行持续性的组合,将其转变成持续的图像画面。例如,我们平时使用的显示器,其像素一般是由 1 920×1 280 个像素点组合而成的,目前的2K/4K 显示器的点数则很多。对于这种画面而言,其能够通过迅速切换等方式呈现出一种清晰的视频效果,一开始的动画则是通过这种操作原理形成的。

对于电子设备来说,其是借助传感器所搜集到的信息(包括若干个点的信息)完成存储任务的,此即为智能手机等设备中的"像素",像素有多大,那么就能够存储多少信息点。在电子存储环节，需要通过不同的压缩方式对存储图像或画面进行压缩，而基本操作是相似的。所有响度点的信息通常被记录在此点的 R、G、B 三原色的数据值中，即各张图像一般都是通过三维数组矩阵利用叠加的方式来完成的，所有记录点的数值通常在颜色 0~225 范围内进行矩阵叠加。

索引图像和 RGB 图像能够用于说明彩色图像。不过，RGB 存储模式通过三原色的数值进行记录，接着实施合成运算，并利用显示模块呈现。但是索引图像存储模式一般是通过二维数组按照矩阵方式进行存储的，即一个数量通常存储一张图像，并且还包括对比度、灰度等数据。每一个像素点存储的信息通常是八位没有符号的整数型信息。不过，由于计算机技术的持续发展，像素也在持续扩容，每张图像的存储空间已超过数十兆。

对于数字化图片信息而言，其存储模式有两个：矢量存储与位图存储。其对应的格式完全不一样，对于 BMP、GIF、GEPG 等格式而言，一般是通过不一样的压缩模式进行转化并完成存储的，其容量各有不同，呈现的效果也完全不一样。

二、预处理

在形成图像期间，图片的信息可能会因为噪声而不完整。所以如何减弱或消除噪声，则是一个非常关键的问题，具体来说，其包括不同的操作过程，若要确保算法精准，那么一定要实施预处理，这是一个非常关键的环节，它能够消除偏差，确保图像的完整度与真实性。预处理的操作模式是对图像中的所有信息进行分类处理，确保信息分类降噪，确保所有组块的信息通过程度不一的降噪算法进行处理，由此获得更完整的图片。

图像预处理的根本目的是筛选图片中的一些干扰信息，将其中一些有价值的信息呈现出来，强化有价值信息的可识别性，尽可能地简化信息。图像预处理通常需要借助数字化、几何转化等操作方法进行。

三、特征提取与选择

若要确保对图像进行高质量的识别，通常在这之前确定好模式，随后结合模式算法确定最理想的处理方法。图像一般通过样本提取方法进行处理，其能够将相关图像所具备的固有特征识别出来。其获得的特征并非完全有效的，此时必须提取有价值的特征，此即为特征的筛选。

（一）像素特征提取

对图像像素点进行二值化提取，像素点是黑色，则取 1，如果是白色，则取 0。对于二值化后的 0 与 1 来说，在进行排列的过程中，利用像素点数量与维度等确定向量矩阵的大小。

（二）骨架特征提取

图片边界的宽度通常会对识别效果造成干扰，首先需要对轮廓的线条进行统一分析，然后需要对线条分界线中的特征进行提取，这样方可确定相应的特征向量矩阵。

（三）图像特征点提取

其对应的方法包括：弧度统计、梯度统计等。其提取原理则是对提取信息进行分类，将其设置成八个模块，然后确定黑色像素点的数量，并将其当作特征。

（四）分类器设计

通过对上述若干个特征提取过程进行分析，确定特征识别原则，并结合特征判定，根据规则对图像进行分类，一个识别规则能够确定一个特征分类，不同特征分类对应一种算法，若要确保图像识别算法的识别率不断提升，在实施分类决策的过程中，需要确定分类器的关键指标。

第二节　计算机视觉技术与农业生产

农业生产中的计算机视觉技术应用始于 20 世纪 70 年代末。在应用的最初期,其范围多为植物种类鉴别、作物品质检测等。随着技术的进一步发展,计算机的硬件生产水平以及软件开发水平都有了巨大的提升,图形图像处理技术也取得了长足的进步,计算机视觉技术在农业生产中的应用范围也更加广泛,农业生产的各个环节都有计算机视觉技术应用的例子。计算机视觉技术作为一种新兴的技术,目前已经应用到工、农、军事、医学等各个领域中,在农业方面对生产力的帮助尤为巨大。农业生产主要分为产前、产中和产后三个阶段。在产前阶段,计算机视觉技术主要用来检测种子质量的好坏;在产中阶段,计算机视觉技术主要用于识别杂草、监测农作物生长信息以及检测病虫害和自然灾害等;在产后阶段,计算机视觉技术主要应用于农作物的二次加工以及产品质量的分拣分类上。

本节主要介绍了计算机视觉技术的基本工作原理以及系统组成,同时研究了目前计算机视觉技术在农业生产应用中存在的问题以及未来的发展形势。

计算机视觉技术是计算机自动化的一种,其主要功能是利用计算机技术进行图像的自动获取,同时通过计算机的运算来对获取的图像进行分析,用以描述某一情景或者某一物体的规律。计算机视觉技术是一种对宏观物体进行计算机模拟的技术。对于计算机视觉技术来说,其涉及的科学分类是多样的,包括数学、人工智能技术、生物学、计算机科学、模式识别等多门学科。其工作原理是利用计算机视觉设备来对宏观事物进行近距离拍摄,再通过人工智能技术、数字图像处理技术等对拍摄到的图像或者视频信息进行计算分析，最终得出对于研究有价值的数据。

一、系统结构

计算机视觉技术系统所能完成的工作为视觉任务,其主要构造为进行图像采集的摄像机系统、图像采集卡以及计算机系统。摄像机系统是进行图像采集的主体,利用光学传感器的工作原理将传递过来的光信号转换为电信号。图像采集卡将电信号转换成数字信息,计算机系统利用其搭载的对应软件对数字信号进行分析处理,通过特征采集等算法得出具有分析价值的数据。

在使用时还需要软件来配合硬件的工作。一般来说,软件的主体功能设计差别不大,主要有：预处理、图像分割、特征提取等核心功能。在这些步骤中,预处理是较为重要的一步,其目的是信息过滤,由于图像中包括大量的无用信息,如果在没有进行预处理的情况下直接交由计算机进行分析则会增加处理过程的工作量,而预处理的作用是对数据进行初步的简化,去除其中没有价值的信息元,使得下一步的工作得到的结果具有更高的准确率。图像分割是指对图像信息进行区域分割处理,特征提取是指依据特定的算法对图像的特征点进行识别。

二、计算机视觉技术在农业生产中的应用

（一）产品质量检测与分级

传统意义上的产品质量检测都是取一部分产品样本进行直接观察,不管采取何种观察手段都需要有农作物的样本才可以进行,而利用计算机视觉技术则不需要产品样本。视觉技术系统通过对农作物的图像分析可以获取农作物的参数信息,通过数据模型即可

对产品的质量进行检测，从而进行综合评定。随着计算机技术的发展，计算机的计算能力得到了巨大的提升，高速运算使得数据分析更有效率，计算机技术在农产品生产中的作用也越来越大，利用视觉技术对农产品的质量品级进行划分在 20 世纪 90 年代就已经被应用到实际中，利用算法对图像区域信息进行分析而获取的结果准确率高达 80%。

（二）作物生长态势监测

计算机视觉技术的另一个应用便是在农作物生长的过程中对其生长情况进行监测。经过国内外学者研究，利用图像分析方法可以较好地实现农作物长势信息的获取，如果在监测过程中发现有偏离共性的农作物，则可以甄别出生长不规律的农作物。在实际的应用中，如在对株型农作物生长态势的监测中，可以对株型农作物的信息进行提取，然后再将提取到的特征参数与传统农业学中的参数建立联系，从而实现对株型农作物叶片长度、茎叶夹角等信息的监测。通过对株型农作物颜色的分析也可以辨别出农作物在生长过程中是否获取了足够的养分、水分等。

（三）病虫及杂草检测

在影响农作物生长的诸多因素当中，杂草和病虫害是不容忽视的两个方面。为了确保农作物的生产质量，我们需要对杂草以及病虫害情况进行及时的监视，利用计算机视觉技术可以自动识别杂草和病虫害。

1.病虫害的识别检测

在病虫害识别检测方面，计算机视觉技术主要通过对常见的害虫进行图像特征分析，再与获取到的图像信息特征进行比对，从而实现对于害虫的自动识别，其准确率可以达到 90%。主要的工作原理为对害虫的骨架特征进行提取之后，应用神经网络进行进一步的识别，最后通过建立的害虫特征信息库与获取到的昆虫图像进行数据对比，实现害虫的识别。

2.杂草的识别检测

利用计算机视觉技术对杂草进行识别主要依据的原理是对采集的图像进行光谱分析，由于农作物本身的颜色和杂草的颜色是存在区别的，在进行特征提取之后系统依据算法就可以辨别出属于农作物的特征信息和属于杂草的特征信息。在识别玉米苗田间杂草的实际应用中，通过对土壤背景的滤除，根据叶宽、颜色等特征信息可以计算出杂草的粗略密度，利用朴素贝叶斯算法对误差进行计算之后，就可以对杂草密度信息进行精细计算，从而为去除杂草工作提供数据参考。

（四）自动收获

计算机视觉技术最早应用于农业生产是在 20 世纪 80 年代。到目前为止，不管是在农业生产的前、中、后期还是在一些扩展型的应用中，计算机视觉技术的可依赖性正在逐步提升。在实际的应用中，最大的问题是工作环境的多变性使得图像采集工作难度增加，采集更加清晰且有价值的图像信息是提升识别准确率的保障。在自动收获这一应用领域上，计算机识别技术可以与远程监控系统结合，在分析并计算出农作物的色调以及饱和度之后，得出农作物的成熟度，再通过控制机械臂以及传送带系统完成对农作物的自动收获。

三、存在的问题及未来展望

（一）存在的问题

1.研究对象复杂性的影响

将理论应用于实践中的最大困难在于消除现实与理论之间的差异性，由于农作物生长环境复杂，同一类农作物的生长情况也存在差异性，这给数字图像的分割以及特征提取工作带来了较大的难度。在技术实验阶段，一般来说用于测试的农作物都是相对静止的，采集到的图像质量也会相对较高，而在实践中，由于受到天气等因素的干扰，同一机位采集到的图像信息也有可能是动态的，这给图像分析带来了一定的难度。由于需要对图像进行实时的处理，所以对于计算机的运算速度有着较高的要求，如何实现快速精准的实时计算，如何从动态的图像中对信息进行矫正，以及如何提取有价值的信息，都是需要进一步研究的课题。

2.环境多变性的影响

目前，影响大多数研究的环境因素都是可控的，当环境（如光照、色温、天气）多变时，高质量的图像采集难度就会变大。但是田间作业不同于实验室环境，其环境具有多变性是必然的。受到天气等因素的影响，设备的可靠性降低，风速变化以及机械振动带来的干扰很容易使得摄像机获取的图像资料受到干扰，从而导致无用数据的增加。这不仅增加了图像预处理的难度，同时也会降低后续计算的准确性。所以从实验室到真实环境的技术过渡仍然是需要进一步研究的难题。

（二）未来展望

尽管从技术本身来说，真正实现田间作业仍然有许多需要克服的难题，但是随着技术的发展，计算机视觉在农业生产中的应用已经非常广泛，并且前景良好。生产智能化和生产自动化是未来农业生产的必然发展方向，实现管理自动化同样也是未来农业科学的研究方向。对于我国在计算机视觉技术方面的发展，主要有以下三点建议。

1.人才的培养

由于计算机视觉技术是多门学科的综合体，所以需要大部分工作人员有足够的知识储备。根据目前国内的情况，此方面的人才较为紧缺，所以对于综合性人才的培养是十分有必要的。我国应当组织培养从事农业的专业人才进行多学科知识的学习。

2.经费的投入

我国在计算机视觉技术科研上的经费投入相对来说仍显不足,未来可以加大这方面的经费投入。

3.技术交流学习

由于我国在计算机视觉技术方面的研究起步较晚,所以迫切需要国际性的交流学习。加强、加快与国际技术领先机构的交流合作,关注国际科研动态是较为有效的方法。

第三节　计算机视觉技术与人体行为分析

作为一种多学科综合应用下的新技术,计算机视觉技术的研究一直受到全世界的广泛关注,随着人们对该技术研究的不断深入,其应用领域也越来越广。计算机视觉技术的应用不仅给人们的生产生活带来了极大的方便,同时也对各行业的管理工作以及整个社会产生了极大的影响。

人们观察和认知周围环境主要是通过视觉这一途径来完成的,基于现阶段计算机数据处理速度的大幅度提升和计算机视觉技术的不断发展,计算机在其辅助设备的帮助下已经具有与人类类似的部分视觉功能,能够在一定程度上代替人眼及大脑观察和感知外界事物。基于视频的人体行为分析的主要目标是识别并且理解人的个体动作、人和周围环境的交互以及人和人之间的交互,在极少人为干预甚至不需要人为干预的环境下,该分析利用计算机等相关技术实现人体检测、跟踪和行为理解。虽然这些不过是人体认知系统最简单的本能反应,但由于人类在运动习惯和形态等方面存在差异,以及周围环境存在复杂性,对于一个计算机系统而言,要准确分析并且理解视频中的人体行为在目前仍然是一项具有挑战性的工作。

人体行为分析最早可以追溯到 19 世纪动物行为机械学，但直到 20 世纪 90 年代，人体行为分析才真正开始受到关注。由于受到各方面条件的限制，在这个时期对人体行为的分析一般是先构建人体模型，再匹配模型和行为序列，然后计算参数，最后达到行为的分析和理解，该方法计算量较大，难以分析复杂的行为，因此发展较为缓慢。目前对于计算机模式识别和视觉技术领域的研究已经是热门话题，该研究涉及模式识别、计算机图像信息处理、计算机视觉处理及人工智能等众多学科，对于提高计算机视觉处理能力的智能化程度而言，这些研究有着重要的意义。

一、计算机视觉技术在人体行为分析中的应用

计算机视觉技术已经被广泛应用于工农业生产、社会公共安全、人机交互、虚拟现实等领域。在工业生产中，计算机视觉技术在工业探伤、工业检测、生产自动化等方面的应用可以进一步提升自动化程度，确保产品质量的一致性，避免由人工疲劳以及注意力不集中带来的工业生产损失。在农业生产中，计算机视觉技术用于对农作物生长过程中的病害虫进行监测，对同种农作物的形状、大小和色泽进行检测，进而对农产品进行分类、分级，对农作物的育苗、生长、收割、管理等各个环节进行自动化管理检测，对有采集需求的林木等进行图像采集，从而得到其所处的具体位置信息，再结合专业机械手完成采集。将计算机视觉技术应用在农业生产中，不仅可以降低人力劳动量，而且可以提高管理生产效率，实现农业生产的自动化。在社会公共安全管理中，计算机视觉技术在支票辨别、公共安全侦查、犯罪侦破、指纹配比、罪犯人脸合成与识别等方面的应用可防止多种类型的犯罪发生，这对有效侦破犯罪案件、促进社会稳定发展有积极作用。

除了在工农业方面的广泛应用，基于计算机视觉技术对人体行为的分析也具有广阔的应用前景。

（一）视频监控分析

目前人类社会面临的各种恐怖事件和突发性事件越来越多，对新一代的智能化监控技术的需求愈加迫切，我们需要在各类监控系统中应用视频人体行为分析技术，实现对外部事件的实时分析，达到监控智能化。随着计算机技术的普及，近年来我国大部分公共场所都安装了视频监控设备，但这些监控系统本身的作用仅是录像，对视频数据的分析和异常行为的检测主要依靠人力在事后进行。近年来计算机视觉技术的研究得到了飞速发展，制约其应用的计算机设备也在性能上得到极大提升，让人们离利用计算机及相关设备替代人工实现智能化监控的目标越来越近。目前，具备简单人体行为识别功能的智能视频监控系列产品在市面上已经出现，尽管这些产品还只能分析比较简单的行为，但未来视频监控系统必将朝着智能化的方向发展，而基于视频的人体行为分析技术在该领域的应用也将是行为分析领域研究者的研究目标。智能监控系统主要应用于对安全要求较高的场合，以及时发现和制止人的可疑行为。

（二）人机交互

人与人之间的交流、交互主要通过语音和行为实现，虽然计算机语音识别技术发展迅速，但人与计算机的交互目前最主要的途径还是键盘和鼠标。计算机视觉技术的应用可以让计算机通过人的嘴唇动作、表情、手势动作、躯干运动以及这些动作的合成来了解人的意愿要求，从而执行指令，这样不仅增加了交互的临场感，也符合人类的交互习惯，让计算机系统能够真正理解人的行为，最终实现人与计算机的交流就像人与人的交流一样自然。

（三）内容视频检索

传统的视频检索是基于文本进行的，检索局限性非常大。基于内容的视频检索是指通过计算机技术分析视频的内容，如通过拳击、跳舞、射门等包含复杂人体行为的事件来实现视频检索。另外，不同的个体在行为模式上也各有特点，因此，要实现视频检索和身份认证，可以将人体的行为模式作为基本特征，该方法通过视频从较远的距离观察目标人体并采集到相关的特征数据，不需要近距离对目标人体再进行标准化的采集。目前，基于行为模式的研究在步态识别等方面取得一定进展，虽然现阶段该研究还有待进一步深入，但作为一种辅助手段，在人员搜索等特殊应用方面，基于行为模式的身份认证方法可以发挥一定作用。

（四）运动合成

基于计算机视觉技术的人体行为分析，在动漫制作、游戏制作、电影制作、虚拟现实等方面都有重要应用，大量动漫和游戏中虚拟人物的运动不是凭空制作出来的，而是通过采集真实人体运动数据后再进行合成的。运动合成就是在采集并分析人体基本行为数据的基础上确定人体在不同环境下运动的行为轨迹，如人体四肢在不同时刻的位置和肢体角度等，然后将这些数据应用到计算机中的虚拟人物上，从而使虚拟人物在运动表现形式上拥有逼真的效果。

二、基于视频的人体行为分析发展趋势

依据目前的研究现状，对于复杂度高的人体行为分析问题，一些能够实现行为搜索的快速算法陆续出现，同时，计算机硬件设备性能的快速发展也对提高人体行为搜索速度起到了非常大的帮助作用。在未来基于视频的人体行为分析研究中，复杂场景下自然的人体行为分析将是一个重要发展方向。随着计算机视觉技术的发展以及计算机硬件设备的进步，基于视频的人体行为分析必将朝着更加智能、高效和自然的方向发展。

第四节　计算机视觉技术
及产业化应用态势

计算机视觉是人工智能的重要发展方向，广泛应用于安防、金融、医疗等多个领域。计算机视觉指用计算机实现人对客观世界三维场景的感知、识别、理解和分析，与自然语言处理、人机交互并列为人工智能领域三大关键技术。计算机视觉涉及计算机科学、数学、工程学、物理学、生物学、心理学等多门学科，如图形算法、信息检索、机器学习、机器人、图像处理、认知科学等。计算机视觉能够极大地改善人与世界的交互方式，代替人类完成更多突破人类视觉局限性的任务，如长时间、不间断的安防监控等。

计算机视觉产业链主要由三个层面组成，一是基础层，包括服务器、芯片、传感器、计算平台、数据等；二是技术层，包括算法、产品及行业解决方案，如安防影像分析、泛金融身份认证、手机及互联网娱乐、批发零售商品识别、嵌入式智能系统、工业制造、广告营销、医疗影像分析、自动驾驶等；三是应用层，涉及公共安全、金融、医疗、互联网、手机、交通等多个领域。当前，计算机视觉是人工智能领域发展最迅猛的技术方向，静态和动态图像识别在安防、视频广告、泛金融、手机娱乐、医疗影像等领域得到规模应用。

一、计算机视觉技术产业发展现状及面临的挑战

目前，在全球计算机视觉技术产业快速发展的背景下，我国计算机视觉技术产业市场空间广阔，正成为技术创新的主阵地。

国内机器视觉企业积极推进技术研发及产业化应用，如商汤科技与华为、高通、中国移动、小米、本田汽车等达成合作，技术产品遍布金融、安防、智能手机、自动驾驶

等多个领域；旷视科技旗下 FaceID 平台广泛应用于今日头条、支付宝等软件，支撑全球超过 2.5 亿人实现远程实名身份验证，并推出人脸解锁手机、新零售刷脸支付等应用；云从科技自动人脸识别技术产品已在中国多个地区上线应用，支持区域布控追逃以及银行刷脸取现、金融大数据服务等；依图科技针对医疗领域研发的阅片机器人已在几十家三甲医院的影像中心落地。超多维计算视觉综合解决方案致力于提供更符合人类视觉感知习惯的智能化、自然化、人性化、娱乐化的全新体验，并在医疗、教育、体验商城、设计等领域综合布局。

数据、算法模型和运算力是计算机视觉发展的三大基本要素。计算机视觉的快速发展得益于近年来数据量暴发式增长、运算力持续增强和深度学习算法的出现。

首先，算法模型是计算机基于所训练大量数据集归纳总结出的识别逻辑，海量优质的应用场景数据是实现精准视觉识别的前提和基础。以人脸识别为例，算法模型的训练对图片数据的需求量达到百万级别以上；互联网、移动互联网、物联网等产生的数据量的急剧增加为训练计算机视觉技术提供源源不断的素材，助力视觉识别精准度快速提升。

其次，GPU（graphics processing unit，图形处理器）运算力的大幅提升为计算机视觉发展提供能力保障，视频、图像数据处理需要大量矩阵的计算，对并行运算能力的要求较高，传统 CPU 无法满足大量计算需求，如使用 CPU 训练简单的神经网络模型需要几周的时间，极大地制约了算法模型的试验及迭代工作。为专门执行复杂数学、集合计算的 GPU 很好地解决了并行计算的难题。根据执行大规模无监督深度学习模型训练试验的结果，使用 GPU 和传统双核 CPU 在运算速度上的差距接近 70 倍，使用 GPU 运行 4 层、一亿个参数的深度学习网络仅需要一天时间，而使用 CPU 需要数周的时间。

最后，深度学习算法极大地提高了计算机视觉识别的准确率。深度学习是一种基于多层神经网络、以海量数据为输入的自学习算法，在其出现之前计算机视觉识别是通过人工寻找特征让机器辨识物体状态的，由于人为设定逻辑无法穷举各类复杂情境，因而存在较大局限性，识别准确率较低。深度学习算法的出现，让计算机视觉识别逻辑由人为设定变为自学习状态，不再通过固定的公式或程序描述来做决定，而是根据大量实际行为数据来自我调整规则中的参数，进而做出准确的判断。根据 ImageNet 的比赛数据，深度学习的出现使得图像识别精准度从 70% 左右提升到 95% 以上。

计算机视觉核心技术涉及图像分类、对象检测、目标跟踪、语义分割和实例分割五个方面，开源环境的繁荣发展大幅度降低了计算机视觉技术的创新门槛。图像分类即根据被标记的图像信息预测新的图像测量结果，主要面临的技术挑战包括视点变化、尺度变化、图像变形、照明条件、背景杂斑等。对象检测即利用图像处理与模式识别等理论方法，检测图像中存在的目标对象，确定其语义类别并标定位置。目标跟踪即在特定场景中跟踪某一个或多个特定对象，目前在无人驾驶领域应用较多。语义分割是计算机视觉的核心，它将整个图像分成多个像素组并对其进行标记和分类。实例分割将不同类型的实例进行分类，如用不同颜色来标注多个同类物品。目前学术界、产业界已先后推出了许多用于深度学习模型训练的开源工具、框架及数据集，在一定程度上降低了技术研发门槛，但企业在处理实际复杂业务时仍需要针对性能、显存支持、生态完善性、使用效率等调整框架以满足个性化需求。此外，对于前沿算法的研发创新以及算法在不同环境下的优化升级，不同厂商的技术水平差异依然很大。

计算机视觉算法技术层壁垒高，硬件层资本密集、巨头众多，应用层市场较为分散，我国算法创新活跃，GPU 芯片技术水平仍有待提升。算法技术层规模达到千亿量级，需要打通产业链上下游，技术壁垒相对较高，如谷歌 TensorFlow 平台在全球拥有较大的影响力。硬件层主要由英特尔、英伟达、高通等国际巨头公司垄断，对资金投入要求较高。应用层涉及安防监控、自动驾驶、机器人等众多领域，IBM、特斯拉、谷歌、微软等分别在不同的细分领域占据领先优势，市场格局整体较为分散。我国拥有商汤科技、依图科技、旷视科技、云从科技等众多原创明星算法厂商，其算法模型已广泛应用于众多行业领域。以商汤科技为例，其拥有 1 207 层的超深度神经网络算法模型、6 000 块GPU 集群计算卡、超过 100 亿条的图像视频数据，覆盖 18 个不同行业领域。我国还拥有以寒武纪为代表的 GPU 芯片厂商，其通用型 AI 芯片可运行几乎所有算法模型，并利用知识产权授权模式应用于华为麒麟智能机芯片、中科曙光服务器芯片等。此外，当前我国企业和政府公共应用数据集建设也在加速，数据规模快速扩张。但我国 GPU 技术及产业化能力相较于英伟达仍存在较大差距，目前我国 GPU 市场仍主要被国际巨头英伟达所垄断,寒武纪作为初创公司其技术产品在应用领域和产业化规模方面暂时还无法与英伟达抗衡，未来技术产业突破仍面临较大挑战。

计算机视觉技术产业发展主要面临两个方面的挑战，一是技术融合创新、新型算法研发及成本的降低。从计算机视觉发展整体情况来看，围绕不同应用领域融合多种技术能力并达到很高的识别精度是业界需要突破的重点方向。此外，针对不同芯片与数据采集设备的视觉算法开发，以及研发周期的压缩与人工成本的降低也是厂商面临的重要挑战。二是国内产业链中上游的布局较少，存在受制于人的风险。目前，国内计算机视觉领域初创公司大多集中在中下游技术提供和场景应用层面，业务同质化竞争比较严重，掌握人工智能芯片技术、打通全产业链的企业相对较少。

二、计算机视觉技术产业发展趋势分析

前端智能化、前后端协同计算和软硬件一体化成为明显发展趋势。

一是应用场景对实时响应的高要求推动前端计算处理能力大幅度提升,前置计算让前端设备成为数据采集和数据处理的合体,可有效提升处理速度并解决云端难以处理的问题，如智能化的安防摄像机通过集成人脸分析算法，在相机内部即可进行大量运算，独立应用人脸识别技术，提升监控效率。

二是前端智能与后端智能协同可满足特定场景对隐私性、实时性的要求。后端服务器计算适用于需要大量存储计算资源、多维度数据关联分析的场景，前后端协同可在前端成像提供越来越多数据信息的背景下，对海量信息进行预处理，然后再将结构化的高质量数据结果传输至后端，减少或避免传输丢包、压缩信息丢失等问题，进而提升智能分析的准确性。

三是软硬件融合一体化方案是解决不同应用场景复杂问题的关键，能够在前端硬件设备上嵌入算法模型，可实现更快速、更高精度的数据处理，让用户更直接地应用视觉识别技术。如格灵深瞳的威目车辆特征识别系统通过软硬件一体的方式让用户直接应用车辆识别技术；地平线机器人、阅面科技则为智能家电、机器人等提供软硬一体化技术方案，实现低功耗、本地化的环境感知和人机交互。

数据和应用场景将成为企业布局的关键点，深度学习和卷积神经网络将推动计算机视觉系统持续优化升级。计算机视觉公司的核心竞争力是解决现实世界中存在的问题，真实应用场景的数据对算法模型训练十分重要，初创公司只有持续获取大量的数据资源，并与商业落地方向形成快速的数据循环，商业模式、数据模式才能形成协同效应，如谷歌依托搜索引擎积淀了海量的优质数据，支撑其成为世界上最先进的人工智能企业，并与 Facebook 等互联网巨头垄断计算机视觉行业发展。

卷积神经网络是深度学习中最重要的分支之一，广泛应用于检测、分割、物体识别等领域。深度学习和卷积神经网络给计算机视觉领域带来了革命性的突破，并逐步扩大计算机视觉在现实世界的应用范围。根据美国研究公司 Tractica 的预测，到 2025 年全球计算机视觉收入将达到 262 亿美元，视频监控、机器/车辆物体检测/识别/避让、医学图像分析、定位/制图、人类情感分析、脸部识别、广告插入图像和视频、房地产开发优化等成为最受欢迎的业务应用。

工业巨头、互联网巨头和创业公司成为计算机视觉的三大主导力量，北上广深将成为我国计算机视觉产业主要集聚地。工业巨头借助在细分领域的长期积累，通过并购或合作的方式开展全产业链布局，渠道能力、上下游议价能力、应用场景数据的获取能力相对较强，能够快速构建完备的生态圈，代表企业包括海康威视、浙江大华、海尔集团等。互联网巨头拥有最顶尖的技术团队和压倒性的数据优势，凭借技术优势引领未来，代表企业包括谷歌、Facebook、IBM、百度、阿里云等。创业公司依托高端人才团队和先进的算法技术抢占市场空间，但渠道能力、数据获取能力相对较弱，需要引入第三方合作伙伴共同制订行业解决方案，代表企业包括商汤科技、旷视科技、依图科技、云从科技等。

此外，计算机视觉是高度知识密集型产业，对人才、技术、产业、资本等环境要求相对较高。根据艾媒咨询发布的数据，截至 2017 年年底，全国人工智能创业公司在北京、上海、深圳、广州的占比分别为 42.9%、16.7%、15.5%和 7.7%，合计达到 82.8%。未来我国将形成以北京为绝对核心，上海、广州、深圳为重点中心的人工智能产业空间格局。

在人工智能发展浪潮下，我国计算机视觉产业呈现快速增长态势。考虑到我国在中上游领域核心技术对外依存度较高，未来应从三个方面着手提升产业发展水平。一是整合资源、联动发展、合作共赢，依托商汤科技、旷视科技、依图科技、云从科技、格灵深瞳等初创企业，以及腾讯、百度、阿里巴巴等大型互联网企业，着力构建计算机视觉产业协同创新体系，通过资源整合形成业务功能互补、联动发展、协同创新的生态格局。二是加强技术研发，突破技术产业发展瓶颈，针对前端智能系统功耗、稳定性、存储空间、数据传输，后端 GPU 计算芯片技术差距等问题，支持我国计算机视觉方面的领军企业、创业团队与国内外高校、科研院所等加强合作，强化技术融合创新、新型算法研发、前端智能化、前后端协同计算和软硬件一体化发展能力，提升原创技术创新能力，大力发展前沿技术。三是支持挖掘未来场景应用，鼓励企业加大对数据和应用场景的布局开发，加快建设一批产业公共服务平台，组织实施一批产业化应用示范项目，推动拓展产品形态。

第五节　计算机视觉技术
与地理信息系统

计算机视觉在地理信息系统中的应用有数字影像测量以及遥感特征目标识别这两种技术。二者均与计算机视觉领域中的一些相关技术联系密切,数字摄影测量是基于摄影测量的基本原理,应用计算机技术提取所摄对象用数字方式表达的几何与物理信息的测量方法;遥感特征目标识别涵盖图像处理、模式识别、数字影像处理和计算机技术等方面。

一、计算机视觉技术在地理信息系统中的应用描述

(一)数字影像测量

数字影像测量是摄影测量的分支学科。数字影像测量的组件有硬件和软件,硬件主要有计算机、立体观测设备、输入输出设备,软件主要有计算机操作系统和专业软件等。数字影像测量系统的功能较多,主要有:数字管理、图像处理、空中三角测量、DEM(digital elevation model,数字高程模型)提取、地物信息采集、正射校正、镶嵌、横断面采集。

(二)遥感特征目标识别

遥感是利用传感器等技术装备,在航天器上通过接受和处理地面目标物辐射或反射的电磁波,进而对地物进行感知的技术系统,遥感技术相较于人工实地调查获取资料和信息具有花费时间少、时效性强、连续性好等优点,总的来说就是省时、省力、省钱。

但是遥感技术还不是很成熟，及时、准确地从海量信息中获取有用信息一直是我们需要突破的难题。特征提取的目标旨在反映目标的本质属性的数量特征，但前提是必须对环境特性与目标进行研究。目标识别则是以模式识别技术为基础的，它可以根据提取后得到的目标特征将目标分离出来，并以此来筛选一些对目标有用的信息。由此可以看出遥感特征目标识别中特征提取和目标识别是相互依靠、密不可分的。

二、计算机视觉技术在地理信息系统中应用的关键技术

（一）数字影像测量的关键技术

数字影像测量的关键技术主要是多目立体匹配技术，该技术充分利用摄影测量的空中三角测量原理，使得多度重叠点可以进行"多方向的前方交会"。这样带来了很大的便利，不仅可以增加交会角，提高高程测量的精度，还能高效地解决误匹配问题。

（二）遥感特征目标识别的关键技术

遥感特征目标识别的关键技术有三个：①最小二乘模板匹配算法。最小二乘模板匹配算法的求解步骤是先求解变形参数，然后利用变形参数在首次匹配结果的基础上提高匹配精度。该算法的精度较高，主要是因为它是以给定的模式作为参考模板的。②主动轮廓模型算法。该模型算法将初始曲线的变形归因于由外部约束、内在约束（几何约束）和影像特征共同引起的"势能"。③基于像素与背景算子模型的算法。该算法主要运用图像分析法来对目标像素周边的一小块邻域进行局部范围的处理。处理方法主要包括边缘检测技术、二值化技术、形态学算子方法、神经网络和统计分类技术等。

第六节　智能交通系统中的
计算机视觉技术

随着社会经济的发展和城市化进程的加快，交通行业面临巨大的发展压力。现有的基础交通设施和交通管理系统难以应对快速增长的车流量和各类突发性交通事故，智能运输系统（intelligent transportation system, ITS）逐渐受到交通领域研究者的重视。智能交通能够将计算机网络、信息技术、通信系统、控制系统等进行有效综合，并将其应用于交通管理体系，从而构建一套全方位、高精度、高效率、覆盖面广的交通运输体系。这套交通运输体系以现代基础交通设施为依托，能够提高交通的安全性、降低重要枢纽的交通运输负荷，有效提高交通运输效率。对于智能交通系统而言，提取精确、实时的道路交通信息是前提和关键，有效、全面、丰富的数据信息能够帮助交通管理部门及时发现和处理交通问题，充分发挥道路通行功能。社会公众可以利用系统提供的信息数据了解交通信息，选择合适的交通路线与出行方式，高效规避道路险情和交通拥堵的问题。交通信息数据的提取可通过分析视频图像、激光、波频等进行。与其他方法相比，基于视频图像设备的交通信息数据提取方法具备成本较低、设备安装便捷、维护方法简单等优势，提取的交通信息也更加丰富、直观，计算机视觉技术的道路交通信息数据提取功能就是在视频图像设备的基础上演变而来的，已经覆盖多个领域。

一、智能交通系统的组成与问题分析

智能交通系统是由智能车辆道路系统发展而来的，是一种将传感器技术、数据通信技术、计算机视觉技术等结合在一起形成的高效、实时、准确的交通管理控制系统，是一种交通管理中心人员、车辆与道路信息的高效整合系统。ITS 系统明确展示了车辆、行人、道路间的联系，能够有效缓解道路交通压力，减少汽车对生态环境的污染，降低交通事故发生的概率，提高道路交通质量和效率，促进交通事业向节能环保、高科技方向发展。

（一）智能交通系统的组成

现代信息技术支持下的智能交通系统被认为是一个复杂、专业、高效的综合性交通管理系统，在交通运输事业中发挥着极其重要的作用。目前，中国智能交通系统主要由以下六个部分组成。

1.先进的交通信息系统

先进的交通信息系统（advanced traffic information system, ATIS）通过公交站、主干道、停车场等环境内设置的传感器，将行人、驾驶员的具体信息实时传输到道路交通信息中心，然后对数据信息进行处理和汇总，并将结果输送到不同的终端，出行者可以在终端接收不同场景的实时信息，根据这些信息选择恰当的出行方式和高效的出行路线。如果车辆具备自动驾驶功能，则能够根据 ATIS 系统提供的信息自动变更行程路线，躲避拥堵路段，为人们的出行提供便捷服务。

2.先进的交通管理系统

在先进的交通管理系统（advanced transportation management system, ATMS）中，部分信息与 ATIS 是互通的，但其主要为交通管理人员提供服务，便于交通管理人员掌握实时气象状况、交通事件信息和交通环境信息，及时对道路交通进行检测、控制和管理。ATMS 在先进的计算机技术和车辆检测技术的支持下，能够实现对各类信息的分析和整理，并诱导信息发布，对道路交通信号进行有效的管理和控制，进而改善不良交通环境，缓解交通拥堵状况或引导事故救援车辆迅速到达现场。

3.先进的公共交通系统

先进的公共交通系统（advanced public transportation system, APTS）的主要目的是

在各类现代智能技术的指导下，促进公共交通运输事业快速发展，提升公共交通系统服务的经济性、便捷性、安全性。例如，公交站台显示器、提示牌、车站无线电视等终端设备，为社会公众提供车辆信息、公交位置、车内人数等数据，便于公众根据自身需求调整出行方案，同时能够为公共车辆调度中心提供详细数据，及时调度车辆，提高公共交通的服务质量和效率。

4.先进的车辆控制系统

先进的车辆控制系统（advanced vehicle control system, AVCS）主要借助路测设备、车载设备或路标检测设备掌握车辆周围环境情况，提升车辆的道路通行能力和行车安全性。AVCS 的本质就是将现代信息技术应用于车辆和道路系统，为车辆提供更好的辅助驾驶功能，使得汽车能够安全高效地行驶。

5.电子收费系统

电子收费系统（electronic toll collection, ETC）是当前全球最为流行的高速公路收费系统，其收费效率比传统人工高 4～5 倍。ETC 主要工作原理是车内挡风玻璃上安装的射频收发系统与高速公路入口安装的收发系统能够产生数据交换，完成后会将数据传输到银行系统，结算过路费，实现不停车收费的目的。

6.紧急医疗服务系统

紧急医疗服务系统（emergency medical service system, EMSS）是一个特殊的智能交通子系统，其以 ATIS 和 ATMS 为基础，构建了专业的公路交通救援设施和机构。在 ATIS 和 ATMS 的支持下，职业救援队伍与交通监管中心形成了一个集清障、现场救护、交通事故现场处于一体的特殊系统，能够最大限度降低公路交通事故的损失。

（二）现代智能交通系统存在的问题

在现代科技的支持下，我国引进了智能交通系统，以提升交通运输的效率和安全性。但智能交通系统在使用过程中出现了许多问题，需要加强技术研发工作，完善系统，合理利用资源，这样才能够充分发挥智能交通系统对交通运输业的促进作用。

1.交通信息数据传输存在安全性问题

数据安全是现代智能交通系统应用过程中一项非常值得探讨的话题。在计算机技术的支持下，智能交通系统会产生大量不同类型的数据，且许多数据包含个人隐私信息，如汽车状况、行驶轨迹等。如果这些数据在传输和应用中被泄露，可能会对车主的生命、财产安全造成威胁。

2.网络传输信息的时效性

目前，先进的信息技术已经能够做到数据信息实时传输和终端间互联互通，基本能够满足交通数据稳定传输、快速分析整理，形成高清视频图像的要求。但部分地区网络存在延迟或信号不稳定的现象，会影响交通管理和控制的及时性。

3.当前智能交通系统提供的参数欠缺可靠性

在先进信息技术支撑下的智能交通系统中，相关参数的科学性和合理性与道路交通安全存在密切联系。目前，部分十字路口存在较为严重的机动车、自行车混行现象，导致智能交通系统中的子系统 AVCS 常发生故障，影响了系统参数的可靠性。

基于道路交通运输事业发展的需要，相关部门必须将智能交通系统和计算机视觉技术有机结合起来，利用计算机视觉技术在各路段、关键路口、车流量大的路段等进行交通数据信息提取，并将信息分析、整理后及时传输到不同终端，为交通监控管理和行人、车辆出行提供数据支持，构建一个更加完善的智能交通系统。

二、计算机视觉技术在智能交通系统中的应用

根据计算机视觉技术的特点和原理，我们可以将其应用于智能交通系统中，实现智能车辆导航、智能收费、道路控制、辅助驾驶等目标，提高道路交通的规范性、安全性，为广大社会公众提供更加安全、舒适的出行体验。

（一）计算机视觉技术在车辆导航系统中的应用

车辆智能导航是计算机视觉技术的一个非常重要的应用方面,也是为人们日常出行带来极大便捷性的发明之一。计算机视觉技术在车辆智能导航中的应用主要表现在车辆检测技术和道路信息提取技术方面,将这些技术应用于车辆导航中,能够有效提升车辆行驶的安全性,具体特征如下。

第一,在车辆行驶过程中,计算机视觉技术能够为驾驶员提供精确的道路交通数据信息和车辆运行状况信息,使驾驶员掌握完整的车辆信息和行车环境信息。

第二,计算机视觉技术能够通过提取和分析道路信息,使人们清楚道路界限,及时调控车辆行驶速度和距离,引导车辆正确行驶。例如,引入计算机视觉技术的车辆导航系统能够检测和分析道路状况和附近车辆的行驶状况,引导车主合理控制与附近车辆的距离,规范驾驶员的行车行为等,确保车辆驾驶的安全性。车距管理和行车速度的控制主要依赖摄像系统对周边车辆行驶数据的收集和分析,系统能够快速检测出车距,并计算出行车安全速度,给驾驶员提供精确、安全的数据,供其参考。

（二）计算机视觉技术在道路交通监控中的应用

道路上的行人和车辆是交通监控的主要目标,将计算机视觉技术应用于交通监控时,首先需要采取帧差法或光流法对监控目标的运动时间进行分割,掌握目标的行为轨迹。其中,光流法在交通监控中的应用更加广泛。光流法的工作流程如下:

第一,采取映射参数的形式表述出图像各个目标的信息,然后对映射参数相同的进行光流量分配,实现图像语义分割的目的。

第二,根据取得的信息对目标车流量进行科学的分析和计算,分析道路车辆平均速度和道路车辆列队长度,规划出相应的交通路线和时间,避免道路拥堵和交通事故的发生。随着计算机技术的发展,为了缓解道路交通压力、降低事故发生率、节约人们的交通出行时间,计算机视觉技术主要提取、检测和分析道路车辆的数量、类别和行驶速度,充分发挥交通管理设备的时效性。

(三)计算机视觉技术在车辆智能收费中的应用

智能收费是实现智能交通的重要内容之一,计算机视觉技术在智能收费方面也发挥着非常重要的作用。在道路交通领域,车辆收费是重要环节,在收费系统中引入计算机视觉技术能够提高车辆收费效率和正确率,节约收费时间。车牌识别技术是实现智能收费的关键步骤,当前中国智能收费系统一般为单目视觉车牌识别模式,工作原理为扫描单目车牌的核心识别,具有一定的实践局限性。在计算机视觉技术的引导下,双目车牌识别系统具有更高的实用性,其主要利用车辆行驶过程中的静态图像或动态视频,自动识别车牌的颜色、号码等信息。双目识别系统设备主要包括图像采集装置、摄像装置、车牌号码识别处理器等,它能综合利用字符分割算法、定位算法等及时读取并录入车牌号码和车辆型号等信息,并将相应的数据传输到银行收费系统,实现智能收费。与单目车牌识别技术相比,双目车牌识别技术具有更高的精确性,但受到技术局限性影响,其难以提取到高速行驶的车辆的车牌信息,有待进一步研究和改进。

(四)计算机视觉技术在公交车辆调度中的应用

城市公共交通管理的核心内容是轨道交通和公共汽车等的科学调度。受到地区、时间等因素的影响,公共交通客流量在不同地点、不同时间段存在非常明显的不均衡性,如在上下班等高峰时间段内,公共交通车辆中乘客非常多,常出现拥挤踩踏现象;而在平峰时间段内会出现满载率较低的现象,从而导致较为严重的交通资源浪费现象的发生。计算机视觉技术的出现及其在智能交通系统中的应用实现了公共车辆乘客人数的自动统计,通过对公共交通乘客乘车地点和下车地点信息的提取,科学地计算出客流的时空分布特征,为公共车辆的调度提供了有力的数据支持。近年来,随着人们对 R-CNN

（第一个成功将深度学习应用到目标检测上的算法）研究的深入，其在人数统计中的应用优势逐渐凸显出来。将这类算法应用于公共车辆乘客人数统计中，能够迅速提取出乘客的时空分布特征，并构建精确的客流预测模型。但由于会受到光照遮挡、人群分布等因素的影响，检测结果存在不稳定性，需要进一步研究与实践。

（五）计算机视觉技术在驾驶员行为检测中的应用

相关数据表明，70%～80%的道路交通事故发生的原因是驾驶员操作不当，其中驾驶员疲劳驾驶和驾驶操作的复杂性是造成道路交通事故的主要原因。如果将计算机视觉技术应用于驾驶员行为检测，能够及时发现驾驶员疲劳状态和不当操作，发出警报，从而显著降低道路交通事故出现的频率，有效提升道路交通的安全性，减少财产损失。基于计算机视觉技术的驾驶员行为检测主要包括驾驶员面部信息提取和分析、车辆信息和行驶方向分析。其中，驾驶员面部信息提取和分析的主要原理是采集驾驶员眨眼频率，并构建眨眼频率和驾驶专注度的模型，根据模型预测驾驶员的疲劳程度；而车辆信息和行驶方向分析能够准确标定车辆周边环境，系统能够在目标跟踪、图像目标检测等技术的基础上，快速判断目标周边车辆信息和车道线信息，确定彼此间相对空间位置，判断车辆行驶状态是否正常，进而有效规避交通事故。

第五章　计算机软件测试技术

第一节　计算机软件测试技术概述

随着社会的进步和高新技术产业的不断发展，我国计算机软件技术行业发展速度非常迅猛，计算机软件产业也已经成为社会生产生活的支柱产业，使我国向着数字化、信息化社会迈进。在这一过程中，计算机软件测试技术起到了极为重要的作用，它不仅可以提高计算机软件工作的效率，而且能够提高计算机软件工作的准确度。

一、计算机软件测试技术的内涵

我国计算机软件技术的发展与发达国家相比起步较晚，美国在 20 世纪五六十年代就已经在某些领域开始使用计算机软件技术了。我国在 20 世纪 90 年代前后才正式引入计算机软件技术这一概念。在当时的背景下，新技术受到社会各界的广泛认可，这为计算机软件技术的发展奠定了基础。计算机软件技术的发展要依赖计算机终端硬件设施的发展。我国在步入 21 世纪之后，才逐步普及计算机硬件设施。在这一发展过程中，计算机软件行业得到了前所未有的发展，这为我国经济社会发展奠定了坚实的基础。计算机软件测试技术正是在这一过程中发展起来的。那么计算机软件测试技术的内涵是什么呢？所谓计算机软件测试技术，就是运用相应的技术，找出计算机软件的漏洞，撰写漏洞测试案例，并且找出处理漏洞的方法，从而有效减少因软件产品的质量问题而产生的后期维护费用，以及因为软件问题对用户造成的影响和损失。

二、计算机软件测试技术的意义

21世纪的竞争实际上是有关科学技术的竞争，哪个国家能够掌握先进的科学技术，哪个国家就能在国际竞争中立于不败之地，而计算机软件技术正是新技术的一个重要体现。计算机软件测试技术的第一个意义，就是能够提高计算机软件的运行准确度，有效地减少漏洞，从而避免计算机软件使用者的损失。在计算机软件的生产研发过程中，常常会产生一些不可避免的错误，这些错误会使计算机软件在运行过程中发生崩溃等现象。这样一来就大大降低了计算机软件的使用效率，对社会生产极为不利。因此，计算机软件测试技术的研究工作具有极为重要的意义。计算机软件测试技术的第二个意义，就是能够有效节约成本。在计算机软件研发生产过程中，会使用大量的人力物力，这些都是计算机软件研发生产不可避免的现象。因此，只有做好计算机软件测试工作，才能保证计算机软件的正常使用，才能使这些资源的使用效率大大提高，从而有效解决成本问题。计算机软件测试技术的第三个意义，就是能够提高工作效率，使计算机软件工作的精准度和效率得到提高，从而使计算机软件能够更好地服务于社会生产生活。

三、计算机软件测试技术发展过程中遇到的问题

随着计算机软件技术的发展，越来越多的问题也逐渐暴露出来，如果这些问题得不到解决，那么将会严重阻碍我国社会经济的发展。现阶段我国计算机软件测试技术发展过程中遇到的第一个问题，就是计算机软件测试技术工作人员的综合素质较低。这就导致了计算机软件测试工作的效率和成果会受到影响。较低的综合素质不仅体现在对待工作的态度和责任心上，更体现在其在计算机软件测试工作方面的专业能力较低，从而导致了计算机软件测试工作不能顺利进行。我国计算机软件测试技术发展过程中遇到的第二个问题，就是计算机软件测试技术的准确度较低。随着科学技术的发展，越来越多的

高新检测技术涌现出来，我们可以利用这些新型检测技术，来提高计算机软件测试技术的准确度。如果不能提高计算机软件测试技术的准确度，那么将会严重阻碍我国计算机软件研发、生产行业的发展。我国计算机软件测试技术发展过程中遇到的第三个问题，就是计算机软件测试技术的成本投入较大，存在资源浪费现象。这个问题导致计算机软件测试工作不能有效地利用资源，提高资源利用率并降低检测成本，导致计算机软件测试工作成本大幅提高，不利于计算机软件测试行业的发展。以上便是现阶段我国计算机软件测试技术发展过程中遇到的问题。

四、计算机软件测试技术发展过程中遇到的问题的解决方法

（一）提高计算机软件测试技术人员的综合素质

解决计算机软件测试技术发展过程中遇到的问题的第一个方法，就是提高计算机软件测试技术人员的综合素质。如果工作人员的综合素质较低，那么他们对待工作的态度将会较差。正所谓态度决定一切，如果没有一个端正的工作态度，那么计算机软件测试工作很难取得良好的效果。要想提高计算机软件测试工作人员的综合素质，有关管理部门就要加大对这些工作人员的管理力度，不能对他们放任自流。与此同时，有关管理部门可以采用加薪、谈话的方式来端正他们的工作态度，也可以组织一些学习活动，来提高他们在计算机软件测试方面的专业水平。

（二）提高计算机软件测试技术的准确度

解决计算机软件测试技术发展过程中遇到的问题的第二个方法，就是提高计算机软件测试技术的准确度。要想提升计算机软件测试技术的准确度，首先就要在计算机软件测试过程中提高技术人员的认真程度，只有这些技术人员的认真程度有所提高，才能从

根本上提高计算机软件测试技术的准确度。其次,计算机软件测试工作人员应该使用更加先进的计算机软件测试技术,不能一直使用落后的计算机软件测试技术。最后,在计算机软件测试工作过程中,要对所检测出来的软件漏洞进行逐一排查和检验,要对这些漏洞时刻保持警惕性。

(三)降低计算机软件测试技术的成本投入

解决计算机软件测试技术发展过程中遇到的问题的第三个方法,就是降低计算机软件测试技术的成本投入。在计算机软件测试技术研究过程中,经常会发生计算机软件测试成本过高、经费不足的问题。如果计算机软件测试工作的经费不足,那么计算机软件测试工作将无法继续进行下去,这对于计算机软件测试技术的发展极为不利。要想解决这个问题,就要在计算机软件测试过程中注意节约经费。同时,有关部门应该及时调拨款项,从而解决经费不足的问题。只有这样,才能使计算机软件测试工作更好地进行。

第二节　数据库测试技术

一、计算机软件开发中的数据库测试原因介绍

(一)主观原因介绍

从计算机软件开发的主观角度剖析,数据库测试对整体的计算机软件开发工作有着推动作用。同时,目前软件开发过程中,工作人员主要是通过软件编码来开展相应的软件开发工作的。在这个过程中,部分相关的技术人员并没有重视对数据库的测试,因为这些工作人员觉得要把软件开发的工作重点放在完善软件功能以及测算编码上,

在数据库测试上并没有投入太多的精力，这就会使数据库测试被工作人员所忽视。但其实数据库测试在计算机软件开发过程中起到了非常重要的作用，它能让工作人员了解这款软件开发中存在的不足之处，同时也能在一定程度上保障整体软件开发的质量。所以数据库测试对计算机软件开发有着推动作用，同时也能够进一步完善相应的计算机软件开发工作。

（二）客观原因介绍

从计算机软件开发的客观角度剖析，在软件开发的过程中，计算机软件中的数据库是整体软件开发的关键所在，因为数据库中不仅储存着大量的计算机软件信息，更能够对软件开发中的各项功能进行相应的测算对比，所以数据库中的各项数据对软件开发都有着重要的作用和意义。软件开发的工作人员在对计算机软件进行数据库测试的时候，需要着重关注测试的设计方式是否能够达到相应的标准。通过对整体的数据计算方式进行统一的归类，可将常用的范式类型分为以下几种：第一类型范式、第二类型范式、第三类型范式、第四类型范式、第五类型范式等。

二、计算机软件开发中的数据库测试内容分析

（一）容量测试

在进行计算机软件开发的过程中，对数据库进行整体的容量测试是非常有必要的。技术人员对整体的软件数据库进行容量测试，能够保证计算机软件中的数据容量达到相应的标准，所以相关技术人员就需要在使用计算机软件系统之前对整体的数据库进行相应的容量测试。专业人员对整体的数据容量进行全方位的检测，才能够保证数据库的容量达到用户的使用标准，进一步保障整体的网络数据流畅度。另外，技术人员在对整体

的计算机软件进行数据库容量测试的过程中，需要选用最适宜的测量方式，从而为用户带来更加精准的网络数据体验。

（二）性能测试

除了要对计算机软件进行容量测试，专业技术人员还需要对其进行相关的性能测试。因为对整体的计算机软件数据库系统来说，对其进行整体的性能测试能够直接影响整体计算机软件的正常运行。所以相关技术人员在使用计算机软件系统之前一定要对整体的数据库进行性能测试，确保数据库各项功能都能够稳定高效地运作。而在对数据库进行性能测试的过程中，相关技术人员需要有效地运用自动化技术以及数据产生器进行辅助测试，这样才能够更加精准高效地完成数据库的性能测试工作。

（三）压力测试

现如今，互联网被人们广泛运用着，因此产生了大量的网络数据，所以相关的技术人员在进行软件开发的时候就需要对其进行严格的压力测试，确保计算机软件承受的网络数据压力能够控制在有效范围之内，这样才能够使整体的计算机软件正常高效地运作。如果相关技术人员不能够在软件开发的过程中对其进行精准的压力测试，那么就可能会直接影响整体计算机软件的各项使用功能，从而延误了整体的计算机软件开发的进度。同时技术人员根据测试的实际情况会发现，计算机软件中的数据系统不能够通过自身的系统变化来满足整体的系统需求，就可能会降低整体计算机软件的反应速度，从而不利于计算机软件的正常运作。

三、计算机软件开发中常用的数据库测试技术探究

（一）数据集测试技术探究

为了满足人们日益增长的网络需求，技术人员需要不断提高计算机软件的开发技术水平。而在计算机软件开发的过程中，对其进行相应的数据库测试是至关重要的。而数据集测试技术又是数据库测试方法中应用最为普遍的一种方法，这就需要相关技术人员熟练掌握数据集测试方法。在对整体数据库进行测试的时候，技术人员需要对整体的数据进行归类划分。相较于其他测试方法，数据集测试法对于数据的范围有着特定的要求。相关技术人员在进行数据集测试的过程中，需要不断增加整体的测试频率，将所测算的数据结果进行分类整理，这样做也便于数据审查工作的开展。

（二）物理构架测试技术探究

技术人员在进行数据库测试的时候还可以选用物理构架测试技术，而物理构架测试技术的主要运用方式就是对各类应用程序的后台数据以及总体数据库中的数据进行相应的测算检查。在测试的过程中，技术人员需要对整体的数据总来源进行相应的细致化调查，从而对调查来的数据进行相应的整理，以便开展后期的检查工作，并且将计算机软件中存在的问题检查出来。利用物理构架测试技术对整体的计算机软件进行全方位的检查，能在一定程度上确保计算机软件正常使用。如果在进行测试检查的时候发现存在一些问题，那么相关的技术人员就需要根据测试的实际结果制定相应的解决措施，尽可能确保整体的数据库测试结果达到相应的标准。在进行数据库测试的过程中，相关技术人员需要熟练掌握各项测试技术，才能够确保整体的测试流程顺利进行下去。

（三）逻辑构架测试技术探究

相关技术人员在对计算机软件进行逻辑构架测试的过程中,需要严格按照相关的要求进行测试工作,并且要将科学化原则融入逻辑构架测试过程中。在进行逻辑构架测试的时候, 相关技术人员需要对整体数据库中的数据类型以及各类信息进行系统化的搜集,并保证整体数据库中的信息与表格中的题头相呼应。与此同时, 技术人员更应该对测试出的漏洞问题进行归类划分,并总结出问题产生的原因,运用合理的技术方法修补整体的数据漏洞,才能够使整体的逻辑构架测试流程顺利完成,这对整体的计算机软件开发工作起到了推动作用。不管运用哪种测试技术对整体的数据库进行相应的测试,相关技术人员都需要熟练掌握各项测试技术,才能够在整体的测试过程中通过自身专业的技术能力来保证整体测试工作顺利完成。

第三节　嵌入式软件测试技术

一、基本概述

（一）嵌入式计算机软件介绍

嵌入式计算机软件是一个带有高度自主操作功能的载体,能够完成嵌入式计算机系统所特有的功能。它由微处理器、控制器、传感器、定时器、内存管理等基本模块构成。专有功能是嵌入式计算机与传统计算机最大的区别。它包括了监视、数据管理、移动运算、信息处理等功能类型, 已成为电子产品智能化的标杆。但通常情况下, 嵌入式计算机软件主要有两个类别,即单纯嵌入式计算机系统和复杂嵌入式计算机系统。顾名思义,单纯嵌入式计算机系统功能较单一，以单片机为典型代表。反之，复杂嵌入式计算机系统则拥有和一般计算机系统相同的功能。当然，它也不同于一般的计算机系统。复杂嵌入式计算机系统增加了嵌入式操作系统和应用软件，使计算机功能更加完整。

（二）嵌入式计算机软件测试方法

嵌入式计算机软件往往有特定的功用与特性，因此要求多样化的环境。所以，嵌入式计算机系统一般连接着两种主体设备，即主机和目标机，它们是嵌入式计算机系统的主要应用平台和目标操作系统平台。嵌入式计算机软件测试的工作原理是首先用计算机系统对应用软件进行初始编译，接着再在目标计算机系统上下载已编译好的应用软件，进而进行数据传输。

二、嵌入式计算机软件测试的重点和难点

在嵌入式计算机软件系统研发与测试过程中，由于应用软件对计算机系统软硬件功能具有依赖性，内嵌网络操作系统、底层驱动程序与应用软件之间的界限已相对不清晰。只要正确模仿了被测应用软件的现实工作环境，就可进行应用程序测试、错误检查及故障测试等活动。但目前，在应用嵌入式软件完成不同的应用测试任务的过程中，主要存在如下问题：

（一）嵌入式软件规模小、测试难度大

开发的嵌入式软件通常小于数百兆，但必须配合着使用驱动程式和检测程式，对检测软件系统的速度反馈、异步电动并发管理和容错管理等展开全面的分析与检测，因为软件测试项目过多，所以很容易产生嵌入式软件崩溃或出错的问题。

（二）嵌入式软件的数据输入/输出复杂多变

计算机软件测试中的数据信号传递，包括与多个专用设备的连接，在嵌入式硬件或辅助设施的应用软件设备还没有全部到位前，被测应用的软件系统就很难进入测试用例并截获输出数据，因此目标应用的测量结果也就没有可靠性。

三、嵌入式软件在计算机软件测试中的使用现状

20 世纪 90 年代开始，中国引进了嵌入式软件测试理论与测试方法，对软件测试工具的自动测试方法也给予了高度的重视并进行了深入的研究。目前，中国各大院校、网络科研院所和通信公司主要使用国外公司的嵌入式软件测试工具和软件测试技术，进行嵌入式语言的编译、自动测试和管理。北京航空航天大学可靠性工程研究所自主研发的 GESTE 嵌入式软件，能够针对不同的计算机和网络软件使用场景，从服务器硬件驱动层、计算机操作系统层、软件应用层等维度上，实现更为个性化的前端处理、任务识别，以及多任务运算。不过总的来说，中国国内嵌入式软件测试水平和国外相比还有一定差距。计算机嵌入式软件操作系统的具体实现，与计算机设备、I/O 设置、输入/输出信息等内容有关。嵌入式软件在计算机软件测试中的应用，通常包含两个测试方法：黑盒测试和白盒测试。黑盒测试是一个基于需要的测试方法，包含语言静态解析、代码分支点覆盖以及数据流测试。白盒测试是一个基于结构的试验。为提高计算机代码的覆盖率，有必要对各种主机平台应用软件进行检测，并对嵌入式软件在响应时间、访问速度以及移动增值业务方面进行合理的限制。但是，由于各种应用软件规模和复杂性的日益增加，应用软件质量问题也在逐渐增多，所以，只有进一步改善嵌入式软件的检测品质，才能适应各种计算机软件测试与认证的需求。

四、关键性技术

（一）宿主机测试

1.静态测试

简而言之，静态测试技术是一种用于自动检测和自动捕获错误信息的测试技术，逻辑程序严密，编制标准也严格，它首先是针对传统软件手工检测结果的各种缺点而产生的。静态测试技术采用的自动测试技术应用于各种嵌入式计算机软件系统中，首先要分析各种数据，然后整合各种数据的分析计算结果，并据此自动生成跟踪程序的源代码，最后根据源代码来绘制嵌入式系统软件中的程序逻辑图式和建立相应程序的结构。静态测试技术测量的数据精度大大高于一般手动测试技术，其中另一个主要原因是它还具有图形转换编辑功能，可以用来转换已绘制完成的二维框架图和流程图。此外，高效测试也是静态测试技术独有的一个特点，因为静态测试技术是基于大数据理论的，它几乎可以实现在不逐个重复测试所有运行机器的情况下精确判断运行系统之间的时间误差，大大缩短了系统检测的时间。以上这些足以进一步证明，静态测试技术极大改进了传统软件的测试方法，满足了企业当前静态测试方面的一系列不同功能需求。

2.动态测试

动态测试技术的核心原理是将系统实际可开发运行目标数据与用户预期的开发性能目标数据进行静态比较，检测出二者结果之间潜在的技术差距，找出二者结果之间隐藏的测试内容差异，从而进一步确定所测试目标对象项目的测试质量控制效果和最佳运行控制效果，为用户提高产品整体性能价格比提供决策参考及依据。动态测试技术的大规模成功落地实施通常需要单元性能测试、集成测试、系统性能测试、验收性能测试等多种测试模式的技术支持，这些技术测试之间紧密相连，呈现出层层交叉联动、层层递进发展的良好趋势。在实际的检测过程中，我们可以主要去关注测试软件代码，通过动态测试大致了解一下其执行强度。动态测试技术还具有多种测试功能，不仅可以动态测试出软件缺陷，还可以自动分析出软件的设置。此外，动态测试数据分析技术同时还可以动态帮助进行软件功能开发，测试出软件功能内容，显示出具体系统的硬件内存配置，在短期内促进整个嵌入式微型计算机软件系统结构的快速优化。

（二）仿真机测试

1.数据获取

嵌入式计算机软件模拟器测试软件通常至少需要两个最重要的因素：源代码和数据，模拟器的测试开发技术通常也不例外。源代码都是开发人员在整个软件测试设计工作过程中直接生成的，很容易获得。获取虚拟的 I/O 数据源代码通常比直接获取实际 I/O 数据更困难。此外，模拟测试技术其实也是用来帮助计算机获取关键数据信息的一种新方式，它本身的数据如果能够得到合理的使用，就可以首先保证关键数据信息内容的真实性和完整性。然后，将该数据信息正确保存起来并用各种测试转换工具去进行数据转换，可以为关键数据信息的有效输入打开通道，保证关键数据信息有效、正确地输入。输入正确数据内容后，即可正常进行测试。最终在测试任务结束后，缓存的所有数据信息便可以及时保存并传输到其他计算机系统环境中，以为使用者后续操作提供参考，但更值得注意的一点是，信息数据存储通常需要占据大量系统内存，因此在开展模拟检测技术测试活动之前，设备中必须确保有一个足够充裕的信息缓存空间，以能够使测试验证工作更加顺利有效地进行。

2.仿真测试

嵌入式计算机软件测试仿真软件是一个以计算机局域网技术为设计背景，将嵌入式计算机仿真测试设备中所有的仿真数据信息集中起来，然后对数据进行管理和处理的一种数据处理系统。目前，仿真测试评估技术一般分为仿真分析技术方法和仿真检测评估方法两大类。模拟测试技术也有许多特点，如数据的模拟，只有建立在一个特定的模拟技术条件下才能成功实现。仿真测试技术可以对两个不同层次的测试对象进行数据交互仿真。由于测试不同时对象本身的物理性质有所不同，可以将测试数据模拟分为多种类型，以确保模拟测试中能够同时得到更加真实而可靠稳定的数据结果，仿真测试中数据可能是实时传输的，但其实现传输的首要前提仍然是测试信号本身在被检测的过程中必须实时稳定地进行传输。

五、目标机测试技术

（一）内存分析

内存分配错误是导致嵌入式系统计算机软件故障频出的两个主要原因之一。一旦软件出现内存分配错误，下一个分发程序将终止，因此无法完全保证所分配数据信息的完整性和有效性。为了全面解决上述问题，记忆分析和测试技术无疑起着关键作用。内存分析与测试技术是检测软件内存分配错误的关键测试技术。由于大多数嵌入式计算机系统占用的内存较少，内存分析等技术更有利于计算机快速发现因系统内存分配结构存在缺陷而导致的性能问题，而使用内存分析技术可以根据具体情况随时解决实际问题，这将大大降低嵌入式计算机软件的硬件故障频率。内存分析的方法一般分为软件性能分析法和硬件效能分析法，其中，硬件效能分析法是一种较常用的硬件内存异常检测诊断方法，但同时这种新方法在实践中也普遍存在着研究耗时比较长、成本要求高等诸多缺点。此外，在计算机某些工作环境设置中，分析检测工具有时无法正确发挥作用，这都可能会导致计算机代码出错或阻塞内存等重大问题。因此，在记忆分析的过程中，选择合适的方法，以满足不同测试的需要，提高测试的准确性是非常重要的。

（二）性能分析

性能分析检测技术一直是当前嵌入式系统计算机软件测试技术中一种不可或缺的软件测试技术，其测试的对象仍然是整个系统性能，嵌入式计算机系统软件整体的、稳定且优良的工作性能始终是实现嵌入式系统长期正常有效运行的决定性因素。软件用户通常可以很直接地感受到嵌入式计算机系统软件本身的工作性能，因此有时我们或许可以直接对其硬件质量性能做出一个肤浅的性能判断，但在如何深入理解和全面分析整个嵌入式计算机系统软件本身的质量性能方面，性能分析技术可以发挥重要作用。性能分析技术可以对嵌入式系统面临的资源投入成本和时间成本等消耗性问题及时进行具体的跟踪检测分析，以发现主要问题并进行快速解决。

（三）故障注入

嵌入式微型计算机软件测试完全依赖软件主机和软件测试目标之间的共同作用，主机负责发送测试的数据信息，目标系统主要负责接收这些数据信息。然而，为了最终实现软件测试要求的高度准确性，计算机软件的运行测试期间的各个项目也需要手动设置，以便程序能够真正按照自己设置好的工作时间范围和测试模式运行。然而，故障自动注入系统技术仍有其应用的特殊性，有时我们需要人为地将一个嵌入式计算机软件上的包含某些特殊功能模块的系统故障自动注入一个目标机，这将对注入目标机所用的计算机组件质量的可靠性和工作性能提出了较高的要求，这样有利于观察目标机的运行状况并记录目标机的实际故障，以这种方式观察和分析目标计算机的操作也很方便。

第四节　构件化软件开发
及系统测试技术

随着办公精准化和质量化的发展，人们对于软件的要求越来越高，所以在开发软件的时候，需要考虑更多的因素，而这些因素增加了软件开发的复杂性和难度，所以软件开发的成本有了大幅度的上升。为了解决软件开发的难度问题和成本上升问题，软件开发商需要积极采用构件化软件开发技术。所谓的构件化软件开发技术，指的是将完整的软件进行拆分，然后分别设计和开发构件，最终将构件统一成软件的技术。

一、构件化软件开发的基本步骤

（一）问题域分析和建模

在构件化软件开发中，问题域的分析和建模是第一步。软件开发的目的是服务于社会应用，所以软件要解决哪些问题必须明确。在实现预测软件的基本功能后，对问题情形进行具体的分析，然后针对问题进行建模，这样各个软件构件的问题域以及模型会更加准确。

（二）求解域模型设计

求解域模型设计是构件化软件开发的第二步。在分析并建立好问题域之后，需要对问题域的问题进行解决，这就需要求解域来完成。针对问题域的问题进行合理的分析和建模，这样就可以得到求解域的模型，而所谓的求解域模型，实际上就是指系统需要的构件以及系统的体系结构。在求解域模型的设计中，针对能够复用的构件进行接口的合理分析，这样可以确认构件的扩展性，同时也可以判断增加新构件的必要性。简言之，对求解域的模型进行科学合理的设计，可以在完成求解域的基本目标的基础上尽可能地保证构件的可复用性。

（三）构件的开发和组装

在构件化软件的开发过程中，第三个重要阶段是构件的开发和组装。在分析问题域和求解域的基础上，对构件库当中的构件进行选用，然后对其接口进行扩展，这样，其和目前的工程便会具有适应性。将新开发的软件构件存储在构件库当中，软件的日后使用会更加方便。除此之外，为了保证构件的实用性，还需要将其运用到目前的工程当中，待完成组装后，利用完整的系统进行合格测试，待测试结果合格，软件就可以发布运行。

二、构件化软件系统测试技术分析

（一）基于构件使用规范说明的测试

基于构件使用规范说明的测试是构件化软件系统测试的重要测试方法。所谓基于构件使用规范说明的测试，主要分为两部分内容：

1.针对构件使用规范的测试

在构件化软件系统当中，构件具有独立性，其运行和使用也有相对的独立性，所以为了保证其独立运行的效果，需要对其运行的环境以及运行规范等进行明确。针对构件使用规范进行的测试就是在构件的使用规范说明下对构件的具体运行性能等进行的测试。

2.针对构件连接与组装的测试

构件化软件系统是由不同构件组成的软件系统，虽然各部分的构件存在着相对的独立性，但是在系统当中各部分构件的运行需要有完美的配合。为了达到配合的预期效果，各构件的配合要求以及规范也会有详细的说明。在规范说明的情况下对组合构件进行测试，能显著提升测试的整体效果。简言之，基于构件使用规范说明的测试既需要对构件的独立运行效果进行测试，也需要对其组装后的运行性能进行分析。利用此种测试方法，构件化软件的综合利用效果会更好。

（二）内置测试

在目前的构件化软件系统测试中，内置测试也是一项重要的测试方法。就目前的内置测试而言，其主要是针对软件系统的内部构成进行的，测试的内容也主要包括两项：

1.构件化软件系统的内部程序

从具体分析来看，软件的运行是需要程序来支持的，程序运行的流畅性越高，准确度越好，软件的利用价值也就越高。所以在进行内置测试的时候，需要利用标准化的程序测试工具对程序运行的流畅性以及各个程序的效果进行分析，这样，构件程序的具体利用效果才会更好。

2.构件化软件系统的内部元件

软件的运行离不开程序的支持，而程序的运行需要有一些元件的辅助，这样整个软件才会表现出更好的运行效果。基于这方面的考虑，对构件化软件的元件进行测试，从而对元件的全面性、运行速率等进行有效评价，可以实现程序和元件利用效果的整体提升。简言之，通过内置测试，软件系统的内部问题分析会更加清楚，解决策略的针对性也会明显提升。

（三）元数据测试

在构件化软件系统测试当中，元数据测试也是一种重要的测试方法。所谓元数据测试，主要指的是利用系统评价和分析工具对软件系统产生的元数据进行测试和分析。元数据是软件系统运行后产生的初次数据，这些数据的参考价值极高。软件系统在设计的时候会有一个预期的数据范围，在软件应用的时候，初次产生的数据与这个范围的差别越大，表明软件的运行问题越多。元数据测试可以清晰地比对出预期数据和元数据所存在的差异，这样可以更好地分析软件系统的问题。之所以要进行元数据测试，主要是因为元数据在产生后经过其他系统的加工和传输，其最本质的问题会被掩盖，所以要想发现构件化软件系统存在的问题，必须对元数据进行详细的检测和分析。简言之，就是元数据测试能够发现构件化软件系统最初的问题。

第六章　计算机管理技术

第一节　计算机管理信息系统的发展现状

在我国计算机技术迅速发展的今天,计算机管理信息系统使得人们的办公环境以及时间不再受到约束。由于无线局域网的普及,基于网络的通讯方式在办公领域迅速兴起,人们的办公地点不再只拘泥于办公室,人们可以实现在家办公,灵活地在饭店、商场、咖啡馆等地点轻松地移动办公,利用平板电脑、手机、笔记本电脑等将工作成果进行远程传送,甚至可以通过视频会议、即时通讯等手段参与公司重大事件的决策。计算机管理信息系统使得各项工作的流程有了大幅度的简化。如今,计算机信息技术更新迭代,各类办公软件不断增加,大大简化了工作流程,提高了工作效率。比如说,通过无线网络传输图像、文档、视频、音频等数据不仅可以节约纸张,还可以提高效率,节省人力等。除此之外,人们还可以在网络上面保存这些数据,多次重复备份,长期保存,不需要专门的工作人员进行档案分类和整理等。最后,计算机信息管理系统使得视频技术大量被应用。由于视频技术与压缩技术的发展,视频会议等快捷办公方式逐渐普及,人们可以通过摄像头随时随地地表达自己的观点。通过摄像头,会议参与者不仅可以随心所欲地表达自己的想法,还可以对会议的现场情况进行全方位的观察并与其他会议参与者进行互动讨论。充分利用计算机信息处理技术将无线视频技术运用到办公自动化上,能够大量减少会议参与者花费在交通上的时间以及精力,大大提高信息交流的效率。

现如今,大多企业都开始尝试智能化办公,以此提高办公的效率和质量。在这种大环境之下,智能化已经成为日常办公的一个主流趋势。办公系统不断完善,以便能够自主处理一部分数据，减少工作人员的负担，提高办公效率。现阶段我国计算机管理信息系统在办公自动化方面有以下几个功能。首先是进行文字处理，文字处理是当前办公系统中最为基础的内容。主要工作是对文字进行编辑、对文章进行排版、将文本进行合并、利用打印机对文档进行打印等。其次是管理文件，如处理数据、文字和图片等。最后，对于图文制作以及演示软件的使用也是非常重要的。其具体操作为对表格、图片、文字等内容进行编辑，然后插入音频、视频等，再通过演示软件进行播放。

第二节　基于信息化的计算机管理

随着科学技术的不断发展，信息资源和能源资源、物质资源并称为世界三大重要社会资源。如今，信息资源的利用和共享促进了信息化社会的快速发展。

一、信息化社会的概念及特征

信息化是当今社会发展的方向，它已经成为对经济结构进行优化的重要因素。从内容上看，信息化把互联网技术和计算机作为先导，为人们的生活带来了新的变化，成为社会的主要发展趋势。

信息化社会的特征具体表现在以下几个方面：信息化加快了人们的联系，加快了经济发展，当世界各国共同向着信息化社会发展的时候，信息化社会就促进了经济全球化的发展；信息化为金融、贸易往来等提供了很大的便利，为生活质量的提高提供了有力的支持；信息化社会的出现还加快了社会发展的进程，使人们慢慢依赖操作简便的信息化管理方式，同时改变了人们原本笨重的工作方式，改变了人们的思维方式。

二、信息化环境下计算机管理存在的不足

即使目前已经处于信息化社会中，企业的计算机管理水平已经有了迅猛发展，但是目前企业仍然被一些问题所困扰，这些问题使得计算机管理工作还存在一些缺陷，解决了这些问题才能提升计算机管理水平。

（一）缺少创新意识

就目前的情况而言，管理工作一般具有创新意识比较弱的特点，缺乏先进的技术和管理模式会使得计算机管理水平低下。在某些现代化企业中，管理者经常疏于对计算机的科学管理，以及对工作人员的合理训练。当计算机出现某些问题的时候，他们没有足够的能力去解决问题，只能依赖企业外的人员，甚至求助于非专业人员来解决问题，但这种情况通常结果并不理想，没有科学的管理方法，没有较高的创新意识，都会对计算机管理水平的提升造成极大的限制。

（二）安全性不足

如果想要使计算机能够正常工作，那么就要对计算机的安全性进行监测。对企业来说，他们的计算机系统可能会存在一些安全漏洞，遭受各种病毒的侵袭，或者可能会被黑客攻击，这些情况都会对企业造成重大危害。若企业的一些数据被篡改或者被泄露，可能会引起巨大的损失，因此一些企业已经通过安装各种杀毒软件来进行维护。但是杀毒软件不是万能的，它的保护能力不全面，因此即使安装了杀毒软件也不能保证计算机系统是完全安全的。

（三）使用效率低

随着计算机行业的快速发展，它的使用范围也在逐渐扩大，现在已经渗透在人们生

活的各个方面，但是实际上计算机管理仍然存在效率低下的问题，这也限制了计算机管理的发展。

（四）信息化建设目标不明确

企业对计算机管理没有充分的认识，在信息化建设方面也没有正确的认识，一些企业由于对计算机管理了解不充分，把一些比较旧或者功能不全面的软件应用在信息化管理中，这不仅对企业的产品质量造成了很大的影响，更会给企业带来经济上的损失和名誉上的危害。

三、提升计算机管理水平的措施

（一）促进计算机管理的创新

计算机管理的发展已经十分迅猛，未来该行业的发展方向可能是将计算机管理发展成为综合发展的网络体系或者将其与智能化相结合，这不仅可以扩大计算机的使用范围，提高它的便利程度，还为计算机管理提供了简洁高效的管理模式，为该行业提供了更为科学的方法和手段。在实际使用中，计算机的功能还要和 ERP（enterprise resource planning，企业资源计划）等技术相结合，这些技术给计算机管理工作提供了创新的思路，对计算机的管理能力和工作效率有了很大的提高。

（二）提高计算机的安全性

利用先进的科学技术来提高计算机网络的安全性，是这个行业的一个新的发展方向。在企业中，计算机管理是领导重点关注的一个方向，而其安全性是重中之重。使用专业人员对计算机网络的安全性进行监测，有时间、有计划地对网络进行全盘扫描，发现存在的安全隐患要及时解决。除此以外，还要对网络系统进行有效防护；对一些需要用户访问的内容，要注意其安全性；对于某些关键文件，需要进行加密处理。不仅如此，工作人员还要随时防御来自黑客等的攻击，随时确保计算机中的数据安全。

（三）对计算机系统进行验证

维持验证是计算机系统管理的工作内容之一，这个工作需要有相关文件支撑，明确性能监控的方法，使其在操作系统中得以体现。

对系统的一致性进行定期回顾，以便预防突发事件。当发生突发事情的时候，要立刻启动纠正措施。在保证业务的连续性的同时，要依据系统的风险评估来制定合理的恢复机制，同时要对数据进行备份。要根据工艺的要求进行权限管理，落实电子签名效力。

为了使电子记录能够真实反映工艺条件，要对前端进行信息采集的设备建立设备校验台账，当发现偏离的信息时，要及时分析再给出意见。

验证项目变更控制时，它的重点不是验证过程，而是对系统的维持、工作的延续进行验证，这样才能将对产品质量的影响降到最低。

变更管理重视的是可控的流程，在变更时要存档文件，被存档的文件要包含对变更的专业性审查意见，同时在变更被确认后展开验证工作。

系统退出时有很多任务需要做，关注评估数据的去向是其中的一个重点，它是为保证从前工作的回溯性而存在的，万万不可因为系统要退出而忽视这个工作。

（四）进行科学规划

由于信息化行业存在明显优势，制定科学的发展规划才能取得较好的成绩。企业要通过科学的规划，描绘发展蓝图，进行信息化建设，推动工业化发展。反过来，工业化也可以加快信息化的发展进程，开拓出一条污染少、消耗低、发展快、科技含量高的道路。

我国目前还处于信息化社会的发展阶段,我们要善于总结和吸收一些先进的计算机管理经验，这对计算机管理行业的发展有重要的意义。但是在对经验进行学习的时候，也要因地制宜,不能盲目照搬,确定出合理有效且适合自身发展的方案才是发展的基石。

第三节　计算机管理技术分析与研究

计算机管理技术在通信科技中有着非常重要的作用,在网络与通信技术发展如此迅速的时期，网络规模不断扩大，网络环境也变得很复杂，网络资源的消耗也越来越大，为了更好地保证网络设备高效、安全地运行，就必须做好计算机的管理工作。在计算机管理方面，对计算机管理技术的分析是目前关注的热点问题，只有把技术落实到位,才能够保证网络使用的安全性。

在当今这个互联网时代，必须要做好计算机管理技术分析工作，管理技术分析是计算机管理中提高网络运行效率的重要环节。但是计算机管理涵盖的内容比较广，有网络配置、网络安全、网络性能、网络故障等。只要通过某种技术对计算机进行管理，使得网络一直保持顺畅，那么就可以很好地服务用户。

一、基于 Web 的计算机管理技术

基于 Web 的计算机管理技术具有多样性和复杂性的特点，主要应用于检测和解决问题。基于 Web 的计算机管理技术的用户界面以及网络检测功能非常强大，因此用户在使用的时候非常方便,可以实现对整个系统的移动式管理。计算机管理过程中相关的系统管理人员可以在不同的站点对计算机进行遥控式的管理，可以通过不同的站点访问

计算机系统。基于 Web 的计算机管理技术可以为用户提供相应的实时管理功能，而且不会与站点管理产生冲突，因此非常适用于网络平台的安全管理。计算机发展越来越迅速，基于 Web 的计算机管理技术还相继发展出 JMAPI（java management application programming interface，Java 管理应用程序接口）技术和 WebM 技术，可以更好地实现对计算机的分布式管理。JMAPI 技术实际上是一种轻管理的基础结构，跟其他技术相比较会更高效、安全，更适合解决计划分配版本协议的独立性问题。

二、分布对象式的管理技术

到目前为止有很多计算机管理技术都使用的是分布对象式的管理技术，这些技术都必须基于一定的平台。这些平台都以服务器以及客户机为基础，管理模式比较简单，应用范围比较广。分布对象式的管理技术主要通过多个网点以及网站功能加工的模式实现整个系统内部的运行和管理。管理加工中心本身就有自身的局限性、缺陷以及瓶颈，所以在网点比较多时，分布对象式的管理技术的加工中心会出现功能障碍的情况。因此目前所需要的计算机管理技术需要有更多的站点支持，单单几个站点支持模式已经远不能满足现状，所以综合来说这种分布对象式的管理技术已经无法满足市场的需求。

三、CORBA 技术

CORBA（common object request broker architecture，公共对象请求代理体系结构）技术融合了面向对象式以及分布对象式两种模式，搭建了非常有效的分布式应用程序。CORBA 技术的核心是对象管理组织，开发者创建了自己的分布式计算机基础平台，即CORBA 分布式平台。在这种分布式的管理过程中，每个计算机都具有独立的界面，而且这些界面的数据都是通过某一特定的数据接口实现最终交换，进而为相应的对象提供服务的。CORBA 技术通过为相关基础设施建设提供服务，让整个控制流程变得越来越清晰、透明。

CORBA 具有非常好的分配技术，这种技术和传统的分配技术相比较，在管理计算机方面更具有可靠性。在网络管理中，CORBA 服务管理是基础。如在网络系统配置管理过程中，系统需要完成对绩效、配置等多方面的管理，一方面要给用户提供所要求的服务，另一方面还要为客户拓展应用范围。SNMP（simple network management protocol，简单网络管理协议）通过网络管理中心实现信息交换，另一网络管理系统实际上只属于抽象意义的 CORBA 代理。使用 CORBA 技术可以做到绝对标准化的网络管理系统构建。

第七章　计算机网络安全技术

第一节　计算机网络安全中的
数据加密技术

近年来，我国科学技术得到了飞速的发展，其中信息技术、互联网技术、数字技术、计算机技术等都有了迅猛的发展，并且逐渐渗透在人们生活的方方面面，成为人们生活中不可或缺的一部分。科学技术的飞速发展为人们的生活、工作、生产等带了巨大的便利，但与此同时，科学技术迅猛发展背景下的网络安全问题也越来越突出。就计算机网络技术而言，其具有开放性、共享性、互动性的特点，所以很容易存在各种安全隐患，而一旦出现网络安全问题，那么后果是比较严重的。因此，这就需要加强对计算机网络的安全管理。数据加密技术是计算机网络安全管理中一种常用的安全技术，其在保证计算机网络安全方面发挥着重要的作用，本节就计算机网络安全中的数据加密技术进行详细分析。

随着社会经济的快速发展以及时代的不断进步，现如今，我们已经逐渐步入了信息化时代。在信息化时代下，各种信息技术、网络技术都得到了迅猛的发展，通信网络也越来越发达，已经深入我们社会生活的方方面面，这也给我国的经济建设带来了巨大的帮助。但是由于网络具有开放性、隐蔽性、共享性等特点，再加上网络环境非常复杂，所以很容易发生各种安全问题。在此背景下，如何有效保证计算机网络安全是社会需要重点考虑的问题，确保通信网络安全也成了通信运营企业的重要工作内容。数据加密技术是信息时代下的产物，应用数据加密技术可以更好地保证计算机网络安全。可以说，

134

数据加密技术是网络安全技术的基石。因此，为了更好地保证计算机网络安全，加强对数据加密技术的应用和研究就显得尤为重要和必要。

一、数据加密技术概述

数据加密技术是一种常用的网络安全技术，简单来说，就是指应用相关的技术以及密码学进行转换或替换的一种技术。应用数据加密技术，可以对相应的文本信息进行加密处理，将文本信息转换为相应无价值的密文，这样一来就可以避免文本信息泄露等，进而保证文本信息的安全。可以说，数据加密技术是网络数据保护中的一项核心技术，其在保证网络数据安全方面发挥着至关重要的作用。数据加密技术能够通过相关的信息接收装置进行解密，从而对相应的文本信息进行恢复，在整个信息传输过程中，信息数据的安全性都可以得到保证。就目前来看，随着计算机网络技术的广泛应用，网络安全问题也越来越突出，而网络安全问题所造成的影响是巨大的。因此，我们就需要加强对数据加密技术的有效应用，以此来更好地保证网络安全。总而言之，数据加密技术对保证计算机网络安全具有重要的意义和作用，加强对数据加密技术的合理应用，可以更好地保证数据信息安全。

二、计算机网络安全现状分析

第一，计算机网络发展迅猛。随着社会经济的快速发展，以及时代的不断进步，我国科学技术也得到了迅猛的发展，尤其是近年来，计算机技术得到了迅速的推广和应用，这也在很大程度上促进了我国现代通信的发展。现如今，计算机技术已经被广泛应用于各个领域中，如国家经济建设、国防建设、人民社会生活等都离不开计算机技术的支持，可以说，计算机技术已经成为当前社会发展不可或缺的一部分。而计算机是一个开放、共享的平台,所以通过计算机网络进行传输、传递的信息、数据等都很有可能被泄露。就目前来看,通信网络安全已经成为人们日常生活中一个突出的问题。计算机网络应用中的所有数据、信息都与人们的隐私有关,一旦被泄露就很容易带来严重的后果。由此可见,在计算机网络迅猛发展的同时,其带来的网络安全问题也越来越突出。而随着计算机技术的进一步发展,其应用也会更加广泛且深入,比如就目前来看,我国使用计算机网络的人数在世界上占首位,在计算机技术不断发展的背景下,计算机网络使用量必然会不断增加,而其中所存在的网络安全问题也会日益突出。如何有效保证计算机网络安全,促进计算机网络技术健康稳定发展是当前需要重点考虑的问题。

第二,计算机网络安全问题突出。在计算机网络技术广泛应用的背景下,计算机网络安全问题也越来越突出。各种网络安全问题不仅会影响人们的日常生活,同时也会对国家经济建设造成一定的影响。而导致计算机网络安全问题出现的原因与人们的网络安全意识缺乏、计算机网络安全基础设施水平较低、计算机网络业务增长太快等有很大的关系。目前常见的计算机网络安全问题包括计算机系统漏洞问题、计算机数据库管理系统安全问题、网络应用安全问题等,这些网络安全问题所造成的影响都是巨大的。为了更好地保证计算机网络安全,就必须采取有效的技术手段,如数据加密技术的应用就可以更好地提高计算机网络的安全性。

三、计算机网络安全中数据加密技术的应用

(一)链路加密

链路加密是数据加密技术中一种常用的技术,该项加密技术在计算机网络安全管理中有着广泛的应用基础,其对于提高网络运行的安全性具有重要的作用。链路加密主要指在网络通信的过程中进行数据加密,并且加密过程都是动态的。简单来说,链路加密

就是在每一个通信节点上进行加密解密，而每一个节点的加密解密密钥都不同，所以在数据传输过程中，每一个节点都处于密文状态，这对于保证数据信息的安全性具有重要的作用。链路加密数据不仅能够对每一个通信节点进行加密，同时对于相关的网络信息数据还可以实现二次加密处理，进而使得计算机网络数据得到双重保障。在计算机软件、电子商务中，都可以应用链路加密技术来更好地保证计算机网络安全。

（二）节点加密

节点加密技术属于比较常见的一种数据加密类型，将节点加密技术应用到计算机网络安全中，不仅有利于保证信息数据的安全性，同时还可以使得数据传播质量及效果得到更好的保障，所以这一加密技术有着十分广泛的应用基础。节点加密技术的方法与链路加密技术的方法具有一定的相似性，二者都是在链路节点上进行加密与解密工作的。但是相对于链路加密技术而言，应用节点加密技术所耗费的成本更低，所以，存在资金影响的一些用户就可以采用节点加密技术。不过，节点加密技术也有一定的缺陷，就是在实际应用过程中，容易出现数据丢失的问题，为了更好地保证数据信息安全，我们还需要对这一技术进行不断的完善和优化。

（三）端到端加密

端到端加密也是数据加密技术中一种常用的安全技术，在实践应用中，该项技术具有较强的应用特点和优势。端到端加密技术的加密程度更高，技术也更加完善，所以可以更好地保证数据信息的安全性。端到端加密技术虽然也是在传输过程中进行加密的，但是该项技术可以实现脱线加密，加密操作更加简单，且应用成本不需要很高就可以发挥出较为突出的加密效果。因此，端到端加密技术在计算网络安全中也有着广泛的应用基础，比如在局域网中应用端到端加密技术，可以有效消除信息泄露风险，进而更好地保证信息数据安全。

综上所述，在信息化时代下，计算机网络技术已经被广泛应用到各个领域中，其已经成为社会生活中不可或缺的一部分。而在此背景下，网络安全问题也越来越突出。对此，就需要加强对数据加密技术的有效应用，通过数据加密技术，更好地保证计算机网络安全、数据安全、信息安全，进而创建一个安全健康的网络环境。

第二节 物联网计算机网络安全及控制

物联网是一种新型的网络技术，随着这种技术逐渐发展成熟，其已经在许多行业得到了深入应用。物联网计算机网络安全逐渐引起广泛重视，计算机网络安全属于其中的关键因素，具有重要影响。所以，当前就需要加强物联网计算机网络安全的研究，找出计算机网络安全的有效控制对策，从而确保物联网系统安全。

一、物联网的概述

当前，学术界对物联网并没有形成一个明确、统一的定义。以物联网作为基础，能够实现物物相连，进而实现网络的延伸和扩展。通过物联网的识别技术、通信技术、智能感知技术，能够实现物品间的信息交流。而在实际应用中，我们需要将互联网、物联网、移动通信进行有效整合，在建筑、公路、电网、油气管道、供水系统、道路照明等物体中安装感应器，以构建业务控制系统，从而实现对这些设施、设备的集中管控，以利于人们的生产活动实现精细化、智能化发展，不断提升生产水平。

二、物联网计算机网络中的安全问题

就物联网而言，其网络终端设备大多处于无人看守的运行环境中，又因为终端节点数量过多，以至于物联网会遭受众多的网络安全威胁，进而引发各种安全问题，这些问题主要包括以下几点：

（一）终端节点的安全问题

物联网的应用种类具有多样性特点，使得网络终端设备类型较多，其中包括传感器网络、移动通信终端、无线通信终端等。因为物联网终端设备的运行环境是处于无人看守的状况的，所以就缺乏有效的终端节点控制，进而导致网络终端容易遭受安全威胁。

1.非授权使用

网络终端设备在无人看守的环境中运行，就容易遭受攻击者的非法攻击和入侵，攻击者一旦入侵了物联网终端，那么就可以非法拔出和挪用 UICC（universal integrated circuit card，通用集成电路卡）。

2.节点信息遭读取

网络攻击者会强行破坏终端设备，进而导致设备内容非对外接口暴露，这样攻击者就可以获取会话密钥和一些信息数据。

3.感知节点遭冒充

网络攻击者可以使用相关的技术手段，冒充感知节点，并以在感知网络中收集到的信息为依托进行网络攻击，比如进行信息监听、发布虚假信息等活动。

（二）通信安全问题

计算机网络通信的服务对象是人，在通信终端数量过少或者是通信网络承载能力较低时，就会受到网络安全威胁。

1.造成网络拥堵

物联网中包含数量庞大的网络设备，使用当前的一些认证方式，就会产生相应的信令流量，而在短时间内就会有大量设备申请网络接入，从而造成严重的拥堵

2.密钥管理

在计算机网络通信使用逐一认证方式进行终端认证之后，就会形成保护密钥。当通信网络中接入物联网设备并形成密钥时，就会造成严重的网络资源消耗，而且物联网中包含了一些比较复杂的业务种类，同一个用户使用同一个设备进行逐一认证就会形成不同密钥，以至于浪费大量的网络资源。

（三）感知层安全问题

1.安全隐私

感知层中的 RFID（radio frequency identification，射频识别技术）标签和一些其他的智能设备侵入一些物品之后，就会导致物品拥有者被动地接受扫描、定位、追踪等行为，导致物品拥有者的隐私遭到公开。RFID 标签会应答任何请求，从而提高了物品拥有者被定位和被追踪的风险。

2.智能感知节点安全问题

由于物联网设备都是处于无人看守的运行环境中的，具有较强的分散性，这就会导致攻击者易接触和破坏物联网设备，或者是通过本地操作进行设备软硬件的更换。

三、物联网计算机网络安全的有效控制对策

（一）感知层安全控制对策

加密方式主要包括逐跳加密、端对端加密两种方式。逐跳加密需要不断对传输节点进行加密与解密，信息都是明文形式的。这种加密方式是在网络层中进行的，能够满足

各种业务的需求，以确保业务的透明化，具备效率高、可扩展性强、延时低等特点，可以对受保护连接进行加密，要求传送节点具备较高的可信度。就端对端加密方式而言，其可以结合业务类型，来选择合适的加密算法与安全策略，从而提供端到端的安全加密措施，以保证业务的安全性。这种加密方式无法加密信息目的地址，不能隐藏信息传输起点和终点，也就会容易遭受恶意攻击。所以，物联网中就可以使用逐跳加密方式，将端对端加密作为一个安全选项，在用户具有较高安全需求时使用，以实现端对端的安全保护。另外，在加密算法当中，哈希锁属于一种重要方式，以此为基础可以进行加密技术的改进，以在不同领域中使用。

（二）安全路由协议

对于物联网来讲，其是由感知网络和通信网络所组成的，物联网路由会跨越多种网络类型，包括路由协议、传感器路由算法等。就安全路由协议而言，这是一种以无线传感网络节点位置为基础实施保护利用措施的协议，可以随机选择路由策略，以确保数据包在传输过程中不会由源节点传输到汇聚节点上，而是由转发点在一定概率下将数据包传送到远离汇聚节点的位置上。其传输路径具备多变性，所以每个数据包都会随机形成传输路径，而攻击者就不易获取节点位置信息，以实现物联网的安全防护。物联网安全路由协议主要使用的是无线传感器路由协议，可以避免非法入侵申请的通过和恶意信息的输入，但是，并不能满足物联网三网融合的需求，以至于虽然确保了安全，但降低了物联网性能。当前安全路由协议存在着一定的局限性，要使用一套可行的安全路由算法，对入侵者的恶意攻击进行有效阻止。首先，可以使用密钥机制，来构建一个安全的网络通信环境，以确保路由信息交互的安全。另外，可以使用冗余路由传输数据包。在构建安全路由协议时，就会充分考虑物联网性能需求与组网特征，保证其实用性，保证安全路由协议可以满足实际需求，有效阻止不良信息的输入。

（三）防火墙和入侵检测技术

为了提高传输的安全性，就可以根据物联网性能要求与组网特征，研发特殊的防火墙，制定安全性能更高的访问控制策略，有效隔离不同类型的网络，从而保证传输层安全。在应用层可以使用入侵检测技术，对入侵意图和入侵行为进行及时检测，使用有效措施进行漏洞修复。首先，可以对异常入侵进行检测，根据异常行为和计算机的资源情况，有效检测入侵行为，使用定量分析，构建可接受的网络行为特征，区分非法的入侵行为。另外，可以检测误用入侵，使用应用软件和系统的已知弱点攻击方式，进行入侵行为的检测。需要根据物联网特征，设计出与物联网系统高度符合的入侵检测技术，从而加强物联网系统安全。

总而言之，物联网计算机网络安全属于物联网系统中的重要部分，是确保数据信息安全的重要因素，在构建物联网系统的过程中，需要考虑物联网性能、物联网特征、物联网需求，使用可行的安全控制策略，以确保计算机网络安全，确保物联网的数据安全，以推动物联网应用行业的发展。

第三节　计算机网络安全分层评价体系

在如今这个信息化飞速发展的时代，计算机以及互联网广泛应用于人们的工作和生活中。计算机以及互联网在给人们带来便利的同时也存在着一定的安全隐患。面对互联网，网民需要做的就是增强自我保护意识和遵守互联网秩序；相关部门和企业需要立足于现实情况，通过构建一系列系统完备的体系稳定网络秩序，为用户提供一个安全的网络环境，保障用户的信息安全，使企业在完善的分层评价体系下能够获得长远发展。基于此，本节通过分析目前计算机网络安全分层评价体系的不足，为构建更加完备、科学、系统的计算机网络安全分层评价体系提供有效建议,为计算机网络安全分层评价体系的构建工作提供充足的理论支持。

计算机网络安全是一个热点话题,计算机通过网络发挥着强大的功能。互联网技术使每一台计算机在协议允许的情况下轻松实现联网,从另一个角度来说,这意味着互联网上潜伏着一定的安全隐患,并随时都有爆发的可能性。所以相关部门为了降低甚至解决计算机网络安全隐患而建立了分层评价体系,但这个体系尚不完备,还存在一定的不足之处,本节就分层评价体系的不足之处进行深入的分析研究并给出合理的建议,为后续网络安全工作提供支持,通过弥补目前计算机网络安全分层评价体系的不足之处,完善分层评价体系,为用户提供一个安全、秩序井然的网络环境,使用户可以轻松工作、愉快生活。完善的计算机网络安全分层评价体系也能为企业的发展提供支持,使企业能够实现更好的发展,同时促进我国互联网的长远健康稳定发展。

一、计算机网络安全分层评价体系的不足之处

(一)防护范围有限

网络安全,主要说的是计算机硬件和软件的安全问题。网络安全涉及用户的方方面面,比如个人信息安全、个人账户安全、文件资料传输安全、企业信息安全等。网络技术的成熟程度以及网络管理的规范与否都很大程度上影响着网络安全。因此,提升网络技术水平、规范网络管理、创造良好的网络环境是至关重要的。如今,计算机网络安全分层评价体系防护范围存在局限性,部分内容被隔离在保护范围之外,因此存在巨大的安全隐患。比如在传输资料的过程中往往会携带木马病毒,而且木马病毒的发现也不够及时,通常只有在发现破坏之后工作人员才会意识到。这是目前计算机网络安全分层评价体系存在的不足,扩大分层评价体系的保护范围是网络安全工作的重中之重。

（二）功能较为落后

目前，现有的安全分层评价体系还面临着一个非常严重的问题就是功能落后。这主要表现在识别新木马和发现新木马方面。目前的安全分层评价体系在识别新木马方面存在一定的难度，因此难以进行及时防御。目前的安全分层评价体系在发现新木马方面特别不及时，通常在木马病毒已经造成破坏之后才发现。这就使目前计算机网络安全分层评价体系的价值大打折扣。比如个人计算机接入互联网后，用户在下载文件时，没有及时发现文件携带的木马病毒，木马病毒潜入电脑之后，用户的个人信息就面临着被曝光的危险，系统也面临着被破坏的可能。如果潜入电脑的木马属于远程木马，后果更加不堪设想。整个破坏过程不易被察觉，除非工作人员自己发现异常，进行手动处理，安全分层评价体系才能发挥其应有的作用。即使安全分层评价体系发挥了作用，木马病毒产生的危害也无法弥补。这无疑体现了计算机网络安全分层评价体系的滞后性。安全分层评价体系的滞后性将会给用户和企业带来麻烦，甚至造成更严重的损失。因此，强化安全分层评价体系的功能尤为重要，有利于维护网络秩序，保障用户的信息安全。

（三）层次建设不完善

安全分层评价体系是一个全面的系统，它既包括甄别、处理、反馈、记录等系统，又包括指令、传输、执行等系统。计算机网络安全分层评价体系不但有防护功能，还有处理功能。比如防火墙，防火墙隔离可疑程序，甄别系统判断此程序是否存在安全隐患，执行端会自动将存在风险的程序删除，将有用的程序反馈给指令中心，然后通过执行端执行。目前的分层评价体系只具备隔离可疑程序的功能，其他的功能还不完善。

二、计算机网络安全分层评价体系的构建策略

（一）扩大安全防护范围

加强对计算机网络安全的管理，首先要扩大安全防护范围。只有具备个人信息安全防护、资料传输安全防护、个人账户安全防护、网络管理安全防护等功能的体系才能称为完备的计算机网络安全分层评价体系。目前的计算机网络安全分层评价体系还不够完善，无法实现这么多方面的防护，需要在以后的工作中一步步完善。就资料传输安全防护而言，在资料传输过程中，无论是用户还是计算机都无法甄别其内容，所以无法提前预知可能存在的风险。我们可以通过在接收端设置防火墙和识别系统，使得到达用户节点的文件都要经过防火墙的检查，然后可疑文件直接就被删除。甄别系统可以通过识别木马的类型，判断文件是否携带病毒。比如链接式木马通常会携带大量的广告，甄别系统会根据这一规律进行识别，在遇到风险时发出警报，然后由用户手动处理。

（二）应用实时监测机制

实时监测机制能对计算机进行随时随地的监测，使分层评价机制始终处于运行状态。当木马病毒侵袭计算机时，实时监测机制可以及时发现病毒并发出警报。实时监测机制不同于防火墙与甄别系统，实时监测机制是防火墙与甄别系统的补充与延伸。通过实时监测机制，计算机可随时察觉到网络安全状态，从而针对网络安全状态运行相应的程序。木马病毒的侵袭往往是不易被人察觉的，所以甄别系统识别起来存在一定的难度。有许多木马通常会伪装成普通程序的样子侵袭计算机，防火墙面对伪装后的木马也一时难以识别，所以通常会失效。面对如此难以辨别的木马，实时监测机制就显得强大了许多。实时监测机制看起来与防火墙功能一样，但是它与防火墙相比显得更加严格。防火墙只能对可疑文件进行隔离，而实时监测机制可以对任何进入计算机的文件、程序进行

监测并发出警报。这样可以及时提醒工作人员，在工作人员没有及时处理的情况下，实时监测机制可以及时反馈给中央处理系统，以便及时隔离。实时监测机制使计算机网络更加安全、可靠。

（三）完善层次建设

层次建设是计算机网络安全分层评价体系的核心，对于层次建设的完善势在必行。网络技术随着时代的发展愈来愈成熟，与此同时，网络攻击的形式也变得多样。面对多种多样的网络攻击，传统的防御技术已经无法应对。在应用计算机网络安全分层评价体系的过程中，首先要抓防护重点、严格控制访问，在访问过程中用户要按照正确的步骤访问：填写用户身份、输入用户指令、查验验证信息、账户检测。四个环节缺一不可，无论是哪个环节出现错误，用户都无法进行访问。完善层次建设是维护网络安全的重中之重。

如今，面对千变万化的信息时代，计算机网络技术广泛应用于人们的生活和工作中，网络安全成为人们普遍关心的问题。网络安全事故层出不穷，让人们胆战心惊，人们的网络安全意识也越来越强烈。从目前看来，计算机网络安全分层评价体系的建立在一定程度上维护了网络秩序，但由于其存在明显的不足，也给网络环境带来了不良影响。目前，计算机网络安全分层评价体系存在防护范围受限、功能滞后、层次建设不完善等不足之处。为此，相关人员应通过扩大安全防护范围、应用实时监测机制以及完善层次建设以弥补计算机网络安全分层评价体系的不足，为用户提供一个安全可靠的网络环境，促进互联网的稳定健康发展。

第四节　计算机网络安全防护框架构建

在计算机技术、网络技术等不断发展的背景之下,网络安全问题也得到了更多关注,而就本节所讨论的问题来说,由于防护措施不够健全、操作人员安全意识不强等因素,近年来信息安全问题的出现频率越来越高,数据的大量丢失或被盗用给部分企业或单位的正常运转造成了严重影响。为了从根本上解决这样的问题,针对计算机网络安全问题构建完善的防护体系是非常有必要的。结合现状来看,虽然大部分单位已经能针对计算机网络设置一定的安全措施和管理办法,但由于体系不够健全,实际管控过程中仍难以针对无处不在的病毒、黑客等进行防护。为了缓解这样的状况,本节将在后续内容中提出一种计算机网络安全防护框架,并在此基础上对其应用进行研究,以期能为相关单位及安全管理人员提供理论上的参考。

一、现阶段计算机网络面临的主要威胁

（一）病毒

从定义上来说,病毒就是一段能自我复制的代码,而一旦病毒进入计算机网络内部,那么其就会迅速在系统内不断传播,进而导致系统内数据和信息的安全面临威胁。除此之外,若不能针对这样的状况迅速做出响应,那么系统内正在运行的软硬件都会因此而受到影响。

（二）黑客

黑客属于主动攻击,同时也具备更强的目的性,若计算机网络防护系统存在漏洞,那么黑客就很有可能借助这些漏洞进入系统内部,进而窃取或破坏系统内的信息和数

据。显然，若保密性较高的数据和信息遭到盗取或破坏，那么对应单位自身也将因此而受到影响，严重情况下将会承担较大的经济损失。

（三）内部因素

部分病毒可能会伪装成正常文件或网页出现，而若内部人员在操作过程中不具备一定的信息安全意识，不能针对这些内容进行有效核查，那么就会直接导致病毒进入计算机网络内部，进而不断传播造成更为严重的影响。

二、计算机网络安全防护框架的构建办法

（一）安全服务

计算机网络系统在运转过程中可能遭受到的安全威胁实际上是非常多的，而不同的安全问题通常并不是单独出现的。因此，在计算机网络安全防护框架中，安全服务也应包含多种内容，进而应对不同的场合。这些服务之间实际上也并不是独立的，互相之间存在着紧密的联系，如访问控制这一服务就需要数据库的支持，因此，相关人员应能针对不同的应用环境选取几种安全服务同时应用，以此来更好地保障这些服务能达到提升计算机网络安全性的作用。

（二）协议层次

协议是计算机网络的核心内容，而对于本节所讨论的问题来说，计算机网络安全防护框架在应用层完成的安全服务较多，传输层与网络层相对较少，链路层及物理层则基本没有。为了从协议角度出发提升计算机网络的安全性，相关技术人员可以采用数据源完整性检测来保障整体体系结构安全性能的进一步提升。

（三）实体单元

实体单元主要是指计算机网络安全、计算机系统安全、应用系统安全三个部分，而具体安全技术的使用也应结合这几个单元来划分，以此来保障不同安全技术都能最大化地发挥出预期作用。对于这一安全防护框架的实际应用来说，具体安全机制的建立应该是面向所有实体单元的，进而更全面地对计算机网络的安全进行防护。

（四）防御策略

在构建完善的安全防护框架的基础之上，防御策略的确定是决定整体框架能否发挥出预期效用的关键，结合现阶段计算机网络体系管理过程中常见的几类安全风险来看，具体安全防御策略应包含以下几点内容：

1.密码系统

在密码系统的作用之下，不同工作人员的操作权限将能得到有效区分，进而很好地对人为因素所导致的安全问题进行管控。

2.针对不同网络区域设置防护措施

这里的防护措施主要是指防火墙、访问控制、身份识别等，在这些手段的辅助之下，黑客的非法入侵将能得到很好的隔绝。

3.入侵检测系统

这一系统能实时对网络系统内部存在的安全隐患和违反安全策略的行为进行监控，计算机网络系统整体的安全性自然能得到更有效的保障。

三、应用方向

由于安全防护工作相较于病毒入侵或黑客攻击等来说其实是十分被动的，安全防护措施也只能针对已知的病毒或攻击手段进行预防。因此，现有计算机网络安全防护框架实际上并不能完全规避各类信息安全问题的出现，而为了有效避免系统内部数据丢失或被盗用，相关单位则必须结合自身需求丰富安全防护框架的内容，对不同安全服务进行选择，进而构建更为有效的安全防护系统。结合这些内容，上述安全防护框架主要的应用方向如下：

（一）端系统安全

从定义上来说，端系统安全主要是指在网络环境下保护系统自身的安全。从这一内容出发，相关人员在构建安全防护框架的过程中只需要利用各类安全技术来保障信息的正常传输即可。身份识别、访问控制、入侵检测等都能有效辅助这一工作的开展，进而从安全机制入手保障系统自身的安全性。银行等单位常用的 Unix 系统就属于此类。

（二）网络通信安全

网络通信安全体系的构建应包含以下内容：首先，对于网络设备的保护来说，相关人员应能从此类设备应用过程中涉及的网络服务、网络软件以及通信链路等方面入手，针对这些内容设置不同的安全防护措施，从而保障网络设备能在通信过程中正常发挥作用。其次，对于网络分层安全管理来说，具体的安全管理办法应包含数据保密、认证、访问控制等技术。

（三）应用系统安全

对于部分单位内的传统应用系统来说，此类系统自身不能提供安全服务，而结合本节所提出的安全防护框架，在实际应用过程中只需要设置应用层代理就能在此类系统中添加安全服务，从而达到保障应用系统安全的目的。由于应用系统自身具备非常强的独立性，而本节所提出的框架则能对其提供统一的服务标准，为实际的安全管理工作提供便利，整体系统的安全性自然能得到更好的保障。

第八章　计算机应用技术

第一节　计算机软件开发中
分层技术的应用

在信息化技术的不断发展中，计算机软件结构也发生了翻天覆地的变化，多层结构成为其主要发展方向。一般而言，在计算机软件开发中，软件的分层是由分层技术来实现的，其不仅能够明确各层次的分工，突出软件的特征，而且还能够有效减少软件层之间的干扰。在计算机软件开发中，细致探讨分层技术及其应用具有重要现实意义。

一、分层技术的特点

分层技术自身具备较多的特点，在软件开发中使用此项技术，必须要先弄清楚此项技术的特点，然后结合实际情况充分发挥此项技术的优势，减少其短板，促进其功能的正常发挥。之所以要在软件开发中使用分层技术，主要是因为此项技术能够减少软件开发的时间成本和节省资金投入，并能够有效加快软件改革进程，进一步提升软件开发的质量。

（一）拓展性

对于计算机软件来说，分层技术能够有效拓展其使用性能，增强其功能，进而促进整个软件构架的优化升级。在使用过程中，分层技术针对的软件对象都比较复杂，遵循的步骤是先全面分解复杂软件，然后调整单个功能层，以保证软件整体运行的高效性。分层技术的拓展性特征对于计算机软件来说作用重大，软件的使用功能大多是通过此项特征来确保的。

（二）独立性

计算机软件开发中所使用的分层技术，其独立性较强，并且每一层之间是彼此独立的。当软件在使用过程中出现问题时，如果已经知道是某一层的问题，那么只需要针对该层的问题进行解决即可，而不需要对其他各层进行故障排除，或者是检查。在软件开发中使用分层技术，上面层次的问题并不会牵扯到下面层次，并且每一层次都有独立而稳定的接入口，这样能够有效保证软件系统的完备性。

（三）稳定性

在软件系统的抽象化发展中，分层技术不仅能够改善其开发效率，而且还能够缩短开发周期，增强软件系统的针对性并强化其在实际使用过程中的目的性和稳定性，减少软件系统在运行期间可能存在的问题。将分层技术用在软件开发中，能够用逐级抽象的方法，将复杂系统的设计一一分解，并将分解之后的复杂系统的部分功能全部转化到软件中，以提高软件的性能。并且分层技术的应用还能够有效提升软件系统的整体功能，其独立性特征能够有效强化系统对软件的控制作用，进一步提高软件在应用过程中的稳定性。

二、分层技术的具体应用分析

（一）双层技术的应用分析

在计算机软件开发中，为了提高软件开发效率并缩短软件开发时间，通常会使用双层技术。双层技术主要是指，分别在客户端与服务器之间设置相应的端点，这两个端点的具体作用不同,面向的使用对象也不同。具体而言,客户端是一种用户界面,利用逻辑关系对用户的需求进行处理,这种逻辑处理只存在于某种特定的状态下。服务器端点主要是用来接收用户信息的,在对用户的信息进行处理和整合之后,系统利用一定的渠道将其传递到客户端,进而供用户使用。双层技术是分层技术应用的前提和基础,其不仅能够保护服务器的效能,而且能够有效控制用户数量。当用户数量超过了软件能够承载的数量时,系统自身就很容易出现错误,并且软件的运行速度也会减慢,用户的使用效果和体验效果就会变差。

(二)三层技术的应用分析

在当前的软件开发中,三层技术应用得比较多,表现层、业务逻辑层以及数据访问层是三层技术的主要内容。实质上,三层技术是双层技术的拓展,此项技术的工作效率极高,软件系统中的逻辑关系处理以及表现层压力的缓解都主要是通过业务逻辑层来实现的,并且业务逻辑层能够有效实现人机之间的互动。

具体而言,三层技术中的表现层,主要是用来接收信息和传输信息的。在软件开发中,用户需求的获取由表现层实现,然后其会与业务逻辑层建立一定的关联,将信息传递给业务逻辑层并由业务逻辑层来处理分析相关数据信息,进而将这些数据信息与数据库进行匹配。系统将处理过的信息通过特制的传输渠道传递给数据访问层。数据访问层接收到信息之后,会根据此层内部原有的资料将信息需求传给业务逻辑层,再经过形式转化之后传给表现层,进而用户便能够获取自己所需要的信息了。在此过程中,这三个层次是相互联系的有机整体,数据反馈的过程是非常完备的。三层技术能够有效降低软件系统在数据分析方面的压力,将数据处理视实际情况分配给不同的层级以进一步提高软件开发过程的效率。在三层技术的应用过程中,数据访问层的接口相对抽象独立,并且其应用不具备依赖性,其迁移性强。为了方便业务逻辑层的访问,可以对数据库进行选择、升级、删除等操作。但在这三个层次中,其各自的服务器可以存在于不同的设备上，很容易在软件开发中出现通信问题。为了减少三层技术的使用缺陷，软件系统框架构建过程中需要选择合适的远程访问技术。

（三）四层技术的应用分析

在 Web 技术的快速发展中，由于运算日益复杂，为了提高软件系统的准确度，需要在三层技术上增加封装层，这便是四层技术。一般而言，四层技术与 Web 技术是紧密相连的，其依附于 Web 技术而存在，从某种程度上来说其是 Web 技术的时代化产物。Web 技术的选择路径决定了四层技术的运行过程。在信息传送上，Web 技术的速度更快，其基本上可以不经过表现层和业务逻辑层，而将信息直接传输给数据访问层并进行简化处理，当然，这是在用户数量较少的情况下发生的。当用户增加时，处理过程变得复杂，系统便需要将相关的信息先传递给业务逻辑层，然后再遵循三层技术的运行流程进行处理。

（四）五层技术的应用分析

在五层技术中，数据访问层被分解了，其层次更加细致，主要在四层技术的基础上细分出了资源层和集成层，但五层技术的应用相对较少，发展也不成熟。五层技术会使用多个服务器，并且服务器的需求量与信息数量及种类之间是呈正相关变化的。在软件开发中，应用服务器上的信息需要通过集成层实现访问，当信息被优化和整理之后，数据访问服务器的需求量随之减少，并且要少于应用服务器，以便将信息传给表现层，实现信息的循环传递。

在计算机软件开发过程中，为了提高软件开发的整体效率，提升软件质量，减少资金和时间的投入，需要在软件开发中使用双层技术、三层技术以及四层技术，发挥这些技术的分层功能，不断拓展软件的功能并推进这些分层技术的进一步应用。在未来的软件开发中，应当加大对五层技术的研究力度，深化对五层技术的认知，进一步拓宽五层技术的应用领域。

第二节　计算机软件工程中的
数据挖掘技术应用

数据挖掘作为一种新概念，主要是指从密度较低的海量数据中，选出价值较高的数据，使得数据利用率得以大幅度提升。因此，将数据挖掘技术应用于计算机软件工程中，可以保证海量数据的处理质量和效率，从而实现对重要数据的最大化利用。因此，如何将数据挖掘技术应用在计算机软件工程中是技术人员必须思考和解决的问题。

一、数据挖掘技术概述

数据挖掘技术作为一种先进、新型的信息处理技术，具有强大的功能优势，被许多行业广泛应用。现阶段，在计算机软件工程领域中，数据挖掘技术的具体应用研究内容少之又少，大量软件工程在实际实施中，仍然运用传统的数据处理技术，导致数据处理效率难以得到保证。而数据挖掘技术涉及大量的功能，不同功能之间往往具有一定的联系，可以保证最终评估结果的真实性和有效性。数据挖掘技术比较明显的应用优势是能最大限度地提高数据处理效率，并从根本上解决数据丢失问题，为企业的健康、可持续发展提供重要的技术支持。

二、数据挖掘技术的应用意义

（一）有利于正确理解数据信息

不同的人，由于知识储备、社会阅历存在一定的差异，对不同数据信息的理解也存在很大的不同。此时，采集和理解数据信息需要借助人工模式，那么将增加数据信息的采集时间成本和理解时间成本，使得数据信息整体处理成本呈现出不断上升的趋势。每个人都有自己的主观意识，这在某种程度上会降低数据信息处理的权威性。将数据挖掘技术科学地应用于计算机软件工程中，不仅可以根据设置好的数据分析目标对数据信息进行科学化、规范化的分析和整理，还能全面整合处理采集好的数据信息，从而形成一种系统、完善的查询体系，使得数据信息的准确性和权威性大幅度提升，为后期软件开发和管理提供极大的便利，确保操作人员能够准确、深入地认识和理解数据信息。

（二）有利于提高数据信息的处理质量

将数据挖掘技术科学地应用于计算机软件工程中，可以实现对海量数据的大规模计算，从而保证数据信息的最终处理质量。在数据挖掘技术不断发展和普及的背景下，其数据处理功能变得越来越强大，这不仅提高了数据计算的效率，还能保证数据计算结果的精确度，便于操作人员在最短时间内实现对混乱数据的科学化筛选和处理，使得数据信息处理质量得以大幅度提升。

（三）有利于提高数据信息的利用率

利用数据挖掘技术，可以实现对无用数据或者混乱数据的科学分类以及深入挖掘，从而获得相应的数据信息处理结果。此时，操作人员可以将所获得的处理结果直接应用到实际工作中，并针对事件处理需求，选择出比较合适的数据信息。只有这样，才能实现数据信息利用率的大幅度提升。此外，数据挖掘技术还能将抽象、难懂的数据信息直接转化为易于理解的信息资料，便于人们更好地理解和利用这些数据信息。

三、数据挖掘技术在计算机软件工程中的应用策略

（一）在软件开发中的应用

在计算机软件工程领域中，利用数据挖掘技术，工作人员可以全方位、多角度地管控信息数据。该工程涉及的应用范围比较广，因此所涉及的信息具有一定的多样性和复杂性。而数据挖掘技术在计算机软件工程中的应用有利于统一集中管理相关信息数据，使得相关软件在实际开发期间，能够同步更新和处理数据资源，从而最大限度地提高软件开发质量，确保软件开发目标得以圆满实现。此外，数据挖掘主要包含大量的需要更替的数据，确保技术人员能够对软件内部结构进行科学的分析和准确的区分，从而充分发挥和利用数据挖掘技术的应用优势，便于后期操作人员在最短时间内快速分析和处理软件内部问题，确保软件开发任务得以圆满完成。为了实现对人员组织关系的深入分析和挖掘，软件开发公司需要根据软件开发需求，重点做好对人力资源的科学协调工作和合理分配工作，同时严格遵循软件模块设计原则，完成对大型软件系统的构建。通常情况下，参与软件系统构建工作的人员有很多，而参与人员在开展讨论会期间，其讨论内容通常会涉及文档传递、电子邮件发送等相关内容，此时，软件开发公司需要做好对组织人员之间关系的深入分析和挖掘工作，便于后期小组的科学划分以及任务指派工作的有效落实。另外，软件开发公司内部所有员工和软件用户之间要构建一种稳定、可靠的关系网络。随着网络复杂度的不断提高，对网络内部关系进行有效的分析和挖掘，可以确保软件项目管理工作正常、有序、顺利地开展。例如，在对人员组织关系相关信息进行挖掘期间，需要利用版本控制系统，对相关程序进行统一化、有序化修改，并深入地

分析和挖掘软件变更后的历史信息，同时，根据不同程序模块之间的关系，确定相应的逻辑依赖关系。

（二）在软件执行记录上的应用

为了保证软件执行记录相关数据的分析和挖掘效果，软件开发公司需要在全方位分析和处理软件程序的基础上，尽可能地优化软件运行性能，确保其完全达到预期判断标准。所以，在深入分析和挖掘执行记录期间，需要全面查询设置好的安装路径，并采用逆向建模的方式，将数据结构分析工作落实到位，便于后期软件维护环节的有效实施。另外，技术人员要及时发现和处理软件在实际运行期间经常出现的软件漏洞问题，确保软件运行性能得以大幅度提升。此外，技术人员还要做好对程序规约的深入分析和挖掘。程序规约挖掘主要是指对相关程序进行全面分析，及时发现和处理程序代码所对应的协议。此外，技术人员还要在保证跟踪信息执行结果精确度的基础上，采用逆向建模的方式，对相关程序进行全方位的分析、验证和维护。该类挖掘流程如下：采用初步桶装的方式，对相关系统进行全面的分析；全面地收集和整理软件所对应的 API（application program interface，应用程序界面）接口；全面地过滤和处理跟踪信息，从而形成相应的规约模型。该模型可以实现对相关系统功能的有效表征处理。

（三）在软件漏洞检测中的应用

在计算机软件工程领域，软件漏洞检测作为一项重要工作，除了可以有效地提高软件开发效率，还能确保整个系统可靠、稳定、安全地运行，为后期及时、有效地发现和处理安全隐患打下坚实的基础。对软件漏洞进行全面修复，可以为用户提供更加优质的保障。在数据挖掘技术的应用背景下，软件漏洞检测工作在实际开展中要做到：根据软件内部的测试内容，对其进行有针对性的分析和测试；全方位测试软件漏洞相关的项目内容，从而更好地满足软件开发相关标准和要求。具体流程是：根据所记录的内容，对相关数据进行全面分析，并对最终的分析结果进行全面的分析和改进；选出合适的测试模式，将测试工作落实到位，以满足软件工程实际的开展需求。此外，在对漏洞数据进行处理期间，要借助数据挖掘技术，对冗余数据进行分析和提取，从而筛选出有价值的数据，并不断地完善和补充稀缺数据内容，同时将所补充的数据内容形象、直观地呈现在用户面前。为了确保数据挖掘技术科学、合理地应用于计算机软件工程中，技术人员还要选用合适的数据模型，将验证工作落实到位，并采用合适的数据挖掘模式，完成对测试集的科学测量和处理。在实际检测期间，技术人员要做好对软件漏洞的科学化、规范化分类，并对数据库中相关漏洞数据进行科学的更新和优化。

四、数据挖掘技术的应用方法

（一）关联法

关联法，顾名思义，就是指对两个不同事物内部的联系程度进行有效研究的一种方法。在数据挖掘技术的应用背景下，利用关联法，可以实现对相关数据信息的高效处理和采集。同时，在使用关联法期间，技术人员要严格遵循有趣关联原则，将数据挖掘技术与计算机软件工程进行充分结合。二者之间的关系属性主要包含以下两种，一种是支持度，另一种是置信度。在实际操作期间，还要结合支持度这一属性，精确地表示出事务集。

（二）分类法

在分类法具体运用中，技术人员要借助分类标号，对相关执行动作进行科学分析和预测，同时还要根据分类法的特点，构建出与之相匹配的分析模型。此外，在实际构建期间，要尽可能凸显分析模型的应用价值。为此，技术人员要重视对相关数据类集的引用，同时选用合适的判断树法。判断树法主要包含神经网络分类法和最临近分类法。此外，在使用分类法期间，技术人员要在全面了解和分析分类法类型的基础上，选用合适的计算方法，确定出与之相匹配的适用范围，尽可能降低成本，并且保证最终处理效果。

（三）聚类法

在使用聚类法期间，技术人员要严格按照设置好的划分标准，对研究工作相关数据对象进行分类操作，使其被划分为不同的类型。同时，还要尽可能保证同类数据对象与同簇数据对象之间的相似度。反之，不同类的数据在实际处理期间并不会出现比较明显的差异。另外，技术人员还要对数据对象进行科学划分，确保聚类法能够科学、有效地应用于数据信息的处理领域中，从而提高聚类法的运用效果。

第三节　计算机软件工程技术中的逻辑应用

一、软件开发过程中逻辑应用的具体方面

（一）代码生成

逻辑与代码生成间联系极为密切，有关人员在此过程中可以借助逻辑判断真值。整体来看，计算机逻辑运用主要会在登录程序当中得以体现，在进行密码验证或者口令验证时，计算程序会和初始数据展开及时对比，该功能能够对计算机用户的信息进行有效保护，保障计算机安全。从逻辑学应用角度出发，在应用软件的时候应当识别类别规格，验证相应数据，而规格表达的系统化，可以生产有效的程序文件。需要注意的是，在程序生成过程中，其代码拥有垂直相互作用关系或者水平间关系。

（二）需求分析

有关人员在设计软件的过程中应当充分结合计算机用户的实际需要，因此应当在功能限定的范围当中，展开对于软件各功能的重要描述。其中，描述内容应当保持精细化。

软件设计出发点即需求分析，而各项数据的描述应当确保具有精准性，且结合功能分析，严禁单独作用。"图形化"属于描述行为中的高效行为，能够将数据模型中的本质关联明确地表达出来，且全面运用逻辑学有关要素展开分析，来表达概念间所存在的内涵或者外延关系。在软件功能的说明当中，应当将功能限定权限的类别确定下来，确保软件使用效果被充分发挥出来。

（三）软件开发

软件需求的转化，能够作用于软件系统架构当中。在此过程中技术人员应当对数据库结构、系统接口的类型以及表达数据的方式等加以明确。与此同时，还应当明确模块算法，而在表达数据结构时应当将表达数据以及算法进行全面结合。除此之外，软件功能描述以及需求分析应当经由数理逻辑产生相应作用，而数理逻辑一般会对思维类别进行分解，经由相应机器实现模拟运算。

二、计算机软件工程技术各阶段的逻辑应用

（一）软件定义阶段

在此阶段当中，软件的开发人员应当对市场减值具体状况加以充分考虑，同时运用一些较为容易或者简便的技术方案完成此工作。与此同时，有关人员还需要全方位了解计算机软件的可操作性，以此来明确计算机软件当中哪些内容不需要操作，如此便可以对软件设计的主要目的有深层次的认识，从而防止在实际开发工作阶段对各类非必要目

的的盲目追求，而将计算机软件功能中最关键的必要目的忽略掉。开发工作人员在此阶段开展研发工作的时候，应当优先制作一份范围精准的文档。然而在软件定义初级阶段，软件开发人员并未具体定义软件开发的实际目的，这便容易导致所开发软件的具体功能不能够被用户所熟知，开发人员也不容易将与有关要求相符合的程序直接设计出来，最终使开发人员和用户都遇到大麻烦。

所以，开发人员为了有效解决上述难题，应在软件定义阶段便对逻辑学加以应用，通过持续对比对计算机软件功能加以完善，进而对软件运用目的加以了解和明确，最终精准定义该软件。

（二）软件设计阶段

在此阶段当中，开发人员需要深入分析用户对软件的具体需要，从而明确如何对计算机软件合理展开设计，最终充分满足用户实际需要。开发人员在描述软件实际需求的时候，应当和用户展开有效交流与沟通，以便进一步细化软件实际需求。在设计软件的时候，开发人员应当清楚核心工作之一便是分析需求。所以，在工作过程中，开发人员务必要拥有良好的耐心，并且花费大量时间展开需求分析工作。倘若开发人员较为急躁，并未花费大量时间开展相关工作，便会导致分析结果出现较大偏差，进而导致失败或者返工的情况，最终导致设计成果与用户实际需求不相符。

所以，开发人员在描述计算机软件数据的时候，应当将软件当中每项数据指标当作基础，运用先进的图形化措施将每项数据模型之间的关系直观表现出来。事实上，计算机软件和数理逻辑的主要联系极为密切，使用相应数理逻辑可以全面分析用户需求，进而科学简化运算流程，并且使机器模拟作用被充分发挥出来。除此之外，开发人员还应当不断进行关于数理逻辑的各项训练，从而使设计出的计算机软件能够充分符合用户需求。

（三）软件测试阶段

在开发人员设计完成所有模块之后，技术人员应当对设计完成的软件展开全面测试。展开软件测试的关键目的，便是及时将存在的各种问题、漏洞等找出来。然而需要注意的是，在将软件中的漏洞找出来之后，技术人员不能对其展开直接修改，需要在其经过审核后，由开发人员对漏洞进行修改，待所有漏洞修改完成后，软件才能正常工作。在正式测试工作开始前，技术人员应当对相关功能、业务加以全面学习、掌握，随后才能明确软件的不足与缺陷。

比如，技术人员在测试软件网络安全性时，应当对关于网络安全的各类知识加以熟知和明确，全面认识互联网安全配置指令以及各项工作的开展流程等。除此之外，技术人员还需要借助逻辑学观察软件，对运算过程加以简化，最终使软件工作效率得到全面提升。

（四）软件维护阶段

测试完成之后便进入了维护阶段。如今大部分科技产品均拥有各自的维修站，这主要是因为各类软件、产品在具体使用过程中常常会出现各不相同的故障、问题，而工作人员需要将各类问题反馈上去，及时解决这些问题。这就需要工作人员及时记录各类问题，从而便于后续的修改以及维修工作。

如今计算机软件所处的工作环境在时刻发生改变，大部分计算机语言并没有可移植性，相关工作人员如果想要把相应语言运用于相应软件中，就应当构建相应文档，为后续维护工作提供便利。而在这个过程中，逻辑的应用必不可少。

总体而言，若想确保计算机软件工程的发展保持稳定，应当合理应用逻辑，对相关知识进行深度挖掘以及联合应用。计算机软件工程技术的各个阶段都会与逻辑产生密不可分的关联，软件开发的关键工具是逻辑方法，技术人员应对其进行全面应用。

第四节 大数据背景下计算机软件的
开发与应用

随着现代社会科学技术的不断发展，计算机已经成为人们日常生活中必不可少的工具。计算机在给人们的日常生活带来极大便利的同时，也对现阶段的生产管理方式和工作方式产生了较大的冲击，直接影响了当前社会的生产方式和经济结构。在大数据背景下，很多企业都在积极寻求创新发展的路径，通过不断地开发计算机软件、深化大数据的应用来提升管理效率，优化管理方式。因此，在这一背景下对计算机软件的开发和应用进行研究具有至关重要的意义。

一、大数据与计算机软件技术的内涵分析

（一）大数据

大数据是 IT 行业中的一个专业术语，是指无法在相应的时间范围内利用既定的软件工具对数据进行捕捉和处理，需要通过全新的处理方式实现数据信息资产的优化整理。大数据具有高速、多样以及低价值密度等特点，该项技术的应用能够实现各项数据信息的高价值处理。在大数据技术的应用过程中，以结构化数据、半结构化数据以及非结构化数据等为基础类型的数据处理在计算机软件技术中的应用十分普遍。

（二）计算机软件技术

计算机是指我们日常生活中所使用的电脑，也就是具有高速计算能力的电子计算器，它不仅可以对数值进行科学的计算，也能够进行逻辑计算来深化各项技术的应用，具有较强的储存功能和记忆功能。计算机系统主要是由硬件系统和软件系统共同构成

165

的，计算机软件在计算机系统中通过相应的程序设定以及文档处理，实现对目标对象的规则化描述，这种处理过程需要在计算机内部装入具有阐明性资料的程序文档，从而确保各数据信息处理过程的高速运行。软件是用户与硬件之间的一个接口界面，用户在使用计算机的过程中，需要通过软件来增强计算机的使用功能，从这一层面来看，计算机软件与其他的计算工具存在较大的不同。对计算机软件系统技术的开发和应用需要结合相应的系统软件和程序软件进行，从而确保各项功能的正常使用。

二、大数据时代计算机软件技术的开发类型

（一）虚拟化技术

随着大数据时代的不断发展，网络环境下的数据也在以海量化的速度进行处理，其中虚拟化技术在计算机中的应用能够通过对这些虚拟的数字化资源进行有效的管理来实现对数据的科学处理。虚拟化技术能够对企业经营过程中产生的各种数据资源开展科学的处理和有效的整理，提高单位时间内计算机处理信息的速度，从而有效地保障企业在运行过程中各软件功能的最大化发挥，在满足用户的日常需求的同时，提高用户使用计算机软件的灵活度和便利性，从而使得计算机软件能够得到最大程度的推广，被更多的用户认可，进而实现公司的长远发展。目前，虚拟化技术已经得到了很多互联网企业及研究机构的广泛认可。对该项技术进行研究和应用的过程也涉及很多研究项目，各项技术在计算机中的应用也逐渐扩展到群众的日常生活中，虚拟化技术既能够提高计算机软件开发技术水平，也能够通过大数据的支撑，进一步丰富和完善虚拟化软件的各项使用功能。尤其是在对虚拟化的软件进行开发的过程中，计算机软件技术能够通过一些使用功能的融入实现各项数据的优化处理，从而促进虚拟化技术的进一步创新和发展。从这一层面来看，在大数据时代加强计算机软件技术的开发具有重要的价值，能够不断地拓展各项软件技术的使用功能，促进大数据的广泛应用。

（二）云储存技术

网络数据信息的爆发式增长使得不同企业在日常的信息化工作开展中需要保存的各种信息数据越来越多，云储存技术作为计算机软件开发技术的一个重要应用，也应运而生。随着大数据时代的来临，储存技术的应用也越来越广泛。一方面，储存技术能够为企业和个人提供十分方便的信息储存方式，实现对海量数据信息的及时储存；另一方面，云存储技术也能够有效地打破时空的界限，当用户需要对各种数据信息进行查看和下载时，他们只需要通过计算机网络便能够实时地查看和下载，这不仅能够帮助企业实现各种管理数据和经营数据的分析和共享，也能够为个人提供很多便利。云储存技术能够使得很多无法长期保存的信息进行科学的储存，既延长了信息资料的保存时间，也能够保障储存方式的稳定性，这些功能都是传统的存储方式无法实现的。综合来看，云储存是一个由多个储存单位构成的整体存储方式，在计算机软件技术中强化云储存技术的应用不仅能够为企业提供各方面的便利，使不同部门之间的沟通和交流更加密切，也能够通过部门之间的有效配合和工作交流来提升管理效率，从而促进更多资料存储方式的优化处理。

（三）信息加密技术

计算机软件技术中的信息加密技术能够实现对网络数据的加密处理，提升信息数据传输的安全性。信息加密主要通过对数据的编码方式进行加工以及对原有的数据信息资源进行特殊化处理来实现的，这样既减少了传输过程中数据信息的丢失问题，又能够实现对数据信息的保护。常用的数据加密方式主要有漏洞扫描、数字签名认证以及密钥密码，这些加密方式的应用既提高了网络数据信息传输的稳定性和安全性，也能够有效避免信息泄露给企业带来的不利影响。

（四）信息通信技术

大数据在我国各行各业的应用深化了计算机软件技术的开发和应用，使我国很多领域产生了根本性的技术变革。对于大数据，很多人的态度是不一样的，很多人都还持观望的态度。在当前的社会环境下，企业要想在激烈的市场竞争中提高自己的竞争力，必须要利用大数据来进行改革创新，不断地革新各项经营管理技术，在通信和运营过程中融入大数据技术，为企业的长远发展奠定良好的基础。利用大数据时代下的计算机软件技术优化计算机信息通信过程，既能够实现对海量客户数据的有效处理和分析，从而结合数据分析结果制定科学的战略发展目标，也能够为企业提供科学的销售指导，加强企业对客户的全面监控和追踪，从而准确掌握和了解客户的日常需求，进一步优化和创新营销手段。

三、大数据时代计算机软件技术的应用领域

（一）数据开发与管理

大数据时代背景下，企业需要结合市场的实际情况及自身的经营数据对计算机软件技术进行有效的分析和应用，从而提升自身的市场竞争力。在与市场发展契合的过程中，企业要全面地掌握市场的实际运行状况与经营数据信息，充分利用大数据和云计算等技术实现对更多信息资源的开发和处理。在将计算机软件技术应用于企业数据开发与管理工作的过程中，技术人员既需要充分地明确计算机软件技术的使用基础，主动对企业的各项经营数据进行抽样调查，保障各项数据信息的准确性和稳定性，也需要结合大数据时代下计算机软件技术的应用范围进行科学有效的分析，加大开发力度。企业各部门应利用计算机软件技术开展各项工作，以建立官方网站等方式，及时向社会公布各项经营数据信息，在方便社会大众及时了解企业各项经营情况的同时，也通过企业网站的优化

来完成各项信息数据的导入及选取工作，实现企业内部数据资源的有效共享，有效消除信息不对称问题，促进企业的可持续发展。综合来看，对于企业来讲，计算机软件技术已经成为大数据时代背景下信息数据通信工作的一个重要技术支撑，同时也是企业与社会和客户进行沟通和交流的有效桥梁。企业需要在未来的发展中不断加大对计算机软件技术的开发力度，进而提升自身管理能力和管理水平。

（二）信息查询与存储

大数据时代下，计算机软件技术在信息查询与存储中的应用具有至关重要的作用。一方面，计算机软件技术既能够提高数据信息的查询效率，拓展储存空间，同时也能够节约数据的存储成本，提高虚拟化存储系统的安全性和可靠性。将计算机软件技术广泛地应用在信息的查询与存储工作中，能够有效地提升企业各项数据信息的管理效率。另一方面，企业在利用计算机软件技术进行资料存储的过程中，可以通过云储存技术将各项数据信息直接上传到云端平台，这样既能够提高各项数据信息的保密性和安全防护等级，也能够通过完善的信息查询与存储功能实现对各项数据信息的远程管理，对于及时有效地解决各种信息问题具有重要的应用价值。传统的计算机软件技术尽管能够有效实现信息的查询与存储，但一旦出现停电或者断网的情况就很有可能导致信息丢失，而新型的计算机软件技术能够自动将这些信息资料储存在云端平台，并且自动进行云备份，这样就能够有效地避免信息丢失问题的出现。

（三）商业监控

大数据时代下计算机软件系统在商业监控中的应用，能够有效地促进企业安全管理工作的开展。企业的安保部门可以利用计算机软件技术对各项工作进行实时监控，同时还可以安装联网的摄像头，保障安保部门的工作人员能够掌握不同区域的现状，实现对传统安全管理模式的有效突破，从而提升企业的安全管理质量。

（四）大数据处理系统的管理与评价

目前，我国的计算机软件技术的发展遇到了一定的困难，在后续的发展过程中可以充分依托大数据技术来实现对各种信息数据的科学处理。因此，将计算机软件技术应用在大数据处理系统的管理与评价工作中，能够实现对数据的科学分类和优化处理，不断地优化用户的体验，通过提高用户在使用过程中的安全性能来确保计算机技术的创新发展。

（五）通信行业

将计算机软件技术应用在通信行业中，能够实现对各项通信技术的有效分析和整理。在企业的经营管理模式中，通信数据对于企业的各项决策以及长远发展有着重要的影响。在这项技术的应用过程中，企业可以将各个用户的信息储存到云端，结合用户的个人需求，制定科学的营销方案，从而提高通信行业的工作效率和整体质量，确保企业经济利益的有效提升。与此同时，通信行业中计算机软件系统的应用还能够有效地拓展企业的发展空间，有效地增加通信信息数据，为用户提供更具针对性和更加个性化的服务。

综上所述，经济社会的不断发展推动了我国各项技术的广泛应用，大数据的发展进一步方便了人们的日常生活。在这一时代背景下，计算机软件技术的开发和应用既能够为人们营造便利的网络环境，也能够提供更多的经济价值，实现各项数据信息资源的有效共享。然而信息的广泛传播也会导致各种各样的网络安全问题，因此，在未来的发展中，企业需要进一步创新和优化计算机软件技术的开发工作，通过各种严格的保护措施来维护网络数据的安全，从而保障计算机软件技术能够更好地应用于人们的日常生活中，并满足经济社会的发展需求。